高等职业教育“十三五”规划教材·**旅游大类**

谈茶说艺

（第二版）

TANCHA SHUOYI

主　编　程善兰　陈君君
副主编　刘秋言　熊　莹　杨立锋
顾　问　曹益雯　张瑜莲

南京大学出版社

图书在版编目(CIP)数据

谈茶说艺 / 程善兰，陈君君主编. -- 2 版. -- 南京：南京大学出版社，2020.2(2022.2 重印)

ISBN 978-7-305-08646-5

Ⅰ. ①谈… Ⅱ. ①程… ②陈… Ⅲ. ①茶文化—中国 Ⅳ. ①TS971.21

中国版本图书馆 CIP 数据核字(2019)第 227266 号

出版发行 南京大学出版社
社　　址 南京市汉口路 22 号　　邮　编 210093
出 版 人 金鑫荣

书　　名 谈茶说艺(第二版)
主　　编 程善兰　陈君君
责任编辑 徐　媛　　编辑热线 025-83592123

照　　排 南京南琳图文制作有限公司
印　　刷 南京人民印刷厂有限责任公司
开　　本 787×1092　1/16　印张 12.25　字数 380 千
版　　次 2020 年 2 月第 2 版　2022 年 2 月第 2 次印刷
ISBN 978-7-305-08646-5
定　　价 36.00 元

网址：http://www.njupco.com
官方微博：http://weibo.com/njupco
微信服务号：njuyuexue
销售咨询热线：(025) 83594756

高等职业教育“十三五”规划教材·旅游大类

编　委　会

前 言

茶是中国的国饮，蕴涵了深厚的传统文化底蕴。1999年，茶艺师作为一种职业被列入《中华人民共和国职业分类大典》，填补了服务行业中的一项空白。在文旅融合背景下，本教材以从事茶事服务岗位人才培养为目标，紧紧围绕茶技能人才应具备的基本素质、基础知识和基本技能，着力茶艺理论知识的系统性和技能培养的全面性，突出实训环节，侧重实际操作。本教材有较宽的适宜面，既可以作为高职院校旅游专业类职业知识课程，作为培养应用型特色旅游专业人才的茶艺、茶文化的基础教程，也适用于全国高等院校各专业的职业能力课程、职业拓展课程。同时，本教材也可作为茶艺培训机构的参考教材，成为茶文化爱好者参考学习的重要读物。

根据国务院发布的《国家职业教育改革实施方案》中提出的"课程内容与职业标准对接、教学过程与生产过程对接"要求，培养适应生产、建设、服务和管理第一线工作的高素质技术技能型人才。适应行业的快速发展是高职高专的首要任务，而教材建设是人才培养的重要环节。作为高等职业教育旅游管理、酒店管理、餐饮管理与服务专业的基础课程之一——"茶艺"的配套教材，本教材第1版自2015年1月出版以来得到了众多同行和读者的认可。为使本教材更具时代性，更符合相关专业教学的需要与要求，力求保持第1版的特色，根据教育部高等职业教育人才培养相关文件的精神，我们经过大量走访调研，并征询行业、专家和读者意见，调整并整合各方资源，优化了编写团队，对书中的相关图片、茶席作品做了更新和修正，结合全国职业院校中华茶艺技能赛事评分标准，依据新版茶艺师国标要求，对本教材进行了修订和更新完善，由原12个项目、43个任务优化整合为9个项目、23个任务。

本教材紧紧围绕高等职业教育人才的培养目标，紧扣市场需求，打破传统的理论教学为主的课程设置思路和模式，基于创新茶艺的实际情况和工作任务分析，形成项目模块和工作任务，体现新的课程体系、新的教学内容和教学方法。本书以教师为主导,以学生为主体,以任务为中心,兼顾知识教育和能力教育,着重强调了“书证融通”“资源活用”“校企合作”三个特点。

(1) 书证融通,适应1+X证书制度。本教材紧跟茶产业发展趋势和行业人才需求,及时将茶艺师职业技能等级新标准内容及职业技能资格认证考核标准有机融入教材内容,反映了茶艺师岗位职业的能力要求,有效推进书证融通、课证融通。

(2) 理实并重,活用新形态教学资源。注重知识传授与技术技能培养并行,强化高职学生职业素养养成和专业技术积累,将专业精神、职业精神和工匠精神融入其中。同时,教材中教学资源以二维码形式呈现,将其作为一种信息载体,为教学创新提供了新的内容与途径。

(3) 校企合作,服务地方产业经济。注重校企合作开展适应性探索,紧密对接行业,为地方培育出大批优质的茶艺师,服务“一带一路”倡议,为推动地方茶文化经济发展起到助力作用。书中很多创新茶艺类的作品均来自茶企业,得到了多位资深茶专业人士的大力支持。在此特别感谢苏州三万昌茶业有限公司张瑜莲总监以及苏州本色美术馆曹益雯女士。

本教材系统、简明地阐述了茶艺的新认识、茶具的演变和发展、鉴泉择水原则、茶席设计原理、茶艺礼仪规范、茶艺编演的原则、民族民俗茶艺等内容,并以图文并茂的方式详解茶艺基本手法和玻璃杯泡法、盖碗泡法、壶泡法、工夫法等当代各种形式的茶艺技法。本书由苏州经贸职业技术学院程善兰老师、苏州农业职业技术学院陈君君老师担任主编并负责全书大纲的修订和统稿工作;滇西科技师范学院刘秋言老师、苏州文正学院熊莹老师、宁波卫生职业技术学院杨立锋老师、苏州本色美术馆曹益雯老师担任副主编。

本书在编写过程中,对各项目及相关内容的安排尽量做到系统化,但由于编者的水平有限,难免有阙漏之处,敬请专家和读者批评指正。

编　者

2019年12月

目 录

绪　论

学习目标

- 了解新版茶艺师标准。
- 了解茶业行业发展新方向。
- 掌握茶艺地位和功能。

项目导读

茶作为世界三大饮料之一，在中国有着悠久的历史。五千年的灿烂文化和勤劳朴实的中国劳动人民孕育出了具有深厚底蕴的茶文化和具有很高艺术性的茶艺。本章主要介绍了有关茶艺的新知、茶艺的地位与作用等知识。

任务一　茶艺的新知

一、茶艺师新标准和旧标准比较

人社厅发〔2018〕145 号文《人力资源社会保障部办公厅关于颁布中式烹调师等 26 个国家职业技能标准的通知》,包含了茶艺师在内的 26 个新职业标准,与之前的标准相比,“新国标”对于各职业“技能”的强化大大加强。“新标”依据有关规定将本职业分为五级/初级工、四级/中级工、三级/高级工、二级/技师和一级/高级技师五个等级,包括职业概况、基本要求、工作要求和权重表四个方面的内容。本次修订内容主要有以下变化。

第一,新、旧标准的名称有差别。旧标准的名称为《茶艺师国家职业标准》,新标准的名称《国家职业技能标准——茶艺师》。“技能”二字标志着新标准更加强调茶艺师技能水平的提升。新标准要求茶艺师在保证知识完整性、规范性的前提下,根据社会发展需要,保留灵活的创新性。同时,新标准还在茶艺技能的实用性和可操作性上进行了细节性要求。

第二,茶艺师技能等级划分界定更加具体。新标准在茶艺师初级、中级、高级、技师、高级技师五个等级划分的基础上,做了更加具体的要求。例如,新标准将初级、中级、高级茶艺师界定为技能型人才;将茶艺技师、茶艺高级技师界定为高端技能型、技能管理型人才。新标准要求技师以上职称的茶艺师要具备制订茶艺培训方案、进行行业调研、撰写茶艺相关论文等能力。

第三,新标准对茶艺师技能水平要求更加严格。新标准对茶艺师需要掌握的茶叶知识、茶叶审评知识等有了更加明确的要求。例如,新标准要求茶艺师需要对茶叶质量、不同茶叶的特点、真假茶鉴别、茶席设计知识等有充分的了解,并熟练掌握。

第四,新标准对茶叶健康服务和茶文化发展进行要求。根据《“健康中国 2030”规划纲要》,新标准对茶艺师进行茶叶健康服务和推进茶文化发展有了详尽的规定。新标准要求茶艺师掌握茶叶中蕴含的营养成分,养生功效等知识;身体力行推广科学饮茶;根据消费者的健康状况提供养生、调理方面的建议,并量身定制配套茶饮。同时,新标准还要求所有茶艺师必须掌握茶与非物质文化遗产的基础知识,促进茶文化发展。

第五,新标准明确了中外交流中,茶艺师应该掌握的知识。随着茶文化中外交流活动逐年增加,茶艺师需要明确在茶文化中外交流中扮演的角色。新标准要求茶艺技师以上职称的茶艺师必须掌握主持、策划茶会的技能,并对此提出了细节性的要求。

二、茶艺师职业标准的发展历程

国家对茶艺师职业标准的重视度逐年提升，茶艺师职业标准经历了几次变革。

早在 1983 年，内地就提出茶艺培训。随着茶艺馆的逐渐出现，培训符合行业发展的茶艺人才的呼声越来越强烈。在征求全国各地意见后，1999 年 5 月，国家劳动和社会保障部正式把“茶艺师”列入《中华人民共和国职业分类大典》，茶艺师才列入了国家职业分类大典。2002 年 11 月 8 日，中华人民共和国劳动和社会保障部(以下简称“人社部”)批准实施《茶艺师国家职业标准》，并向全国各地发文。

2004 年 5 月至 9 月，根据茶艺师职业标准编写的茶艺师职业资格培训教程，由劳动出版社正式出版发行。2017 年 9 月 14 日，人社部公布修订后的《国家职业资格目录》，目录清单共分专业技术人员职业资格和技能人员职业资格两大项，其中专业技术人员职业资格 59 项(准入类 36 项，水平评价类 23 项)，技能人员职业资格 81 项(准入类 5 项，水平评价类 76 项)，茶艺师位列其中。2017 年 12 月，人社部正式启动茶艺师职业技能标准修订工作。

2018 年 4 月，人社部公布《茶艺师国家职业技能标准》(征求意见稿)，在 2018 年 4 月 17 日至 5 月 8 日向社会广泛征求意见。

2019 年 1 月 8 日，人社部颁布《国家职业技能标准——茶艺师》，并自公布之日起实施。

三、茶界新事件

(一) 茶业新营销模式

1. 小罐茶模式

小罐茶作为中国茶行业的创新企业，自面世以来从产品到包装设计乃至运营理念不断推陈出新。小罐茶联合 8 位制茶大师打造全品类 8 款名茶，为消费者建立一个“好茶”标准，形成“中国好茶＝小罐茶”的品牌关联。小罐茶精选原产地原料，每一罐都是特级茶青，因其产量稀少，常常一叶难求。上乘原料加上 8 位大师独有的精湛制茶技艺，大大解除了消费者对茶叶品质的疑虑。同时，小罐茶进行统一定价，让消费者不再为扑朔迷离的茶价格烦扰，放心喝好茶。

小罐茶邀请日本著名设计师神原秀夫花费 2 年时间打造时尚感十足的金属小罐，搭配铝膜保鲜，隔绝外界对茶的干扰，一撕即是一泡，不再像传统工夫茶一样复杂、耗时，这一时尚便捷的饮茶方式获得大量年轻消费者青睐，据了解，小罐茶的主力消费人群中，19～35 岁的年轻群体占比 60%以上。

小罐茶专注细节，以线上＋线下双渠道深耕茶叶消费市场。线上，小罐茶在天猫、京东等电商平台开设品牌旗舰店;线下,截至 2017 年 6 月底,小罐茶已经在全国开铺 240 余家,覆盖了 120 余座城市。此外,小罐茶还积极探索零售分销渠道,不仅进驻传统茶叶店,还将广泛存在的烟酒店升级为烟酒茶店。

以国际化的视野设计消费体验,让中国茶“走出去”,小罐茶提供的不仅仅是茶,而是在顺应消费升级背景下,一个以“茶”为中心的生活方式解决方案,用现代化的表达传递传统文化,让传统文化时尚起来,满足现代人的生活、审美需求。

2. 电商模式

电子商务本身也在发生变化,过去,网上开个店,卖出一盒茶叶,就叫“电子商务”。但今天,线下的企业必须走到线上去,线上的企业也必须深入线下来,线上线下加上现代物流结合在一起,才能真正创造出新的零售。

而这一点在近几年的“双十一”也体现得非常明显,一些线下著名的茶叶品牌线上流量大幅增加,而纯以低价策略拼流量的线上茶叶店则消失了一半。

3. 茶金融现象

从 2015 年开始,茶叶金融平台的风潮越来越热。2016 年 6 月,仅在北京茶博会上就展示了六个茶叶金融平台。而在最具后发酵茶增值效应的普洱界,互联网金融和茶企结合的方式已经进入稳步发展阶段。随着市场的日益成熟,互联网金融也在迅速发展,人们越来越注意如何将手中的钱合理利用,如何投资理财。在通货膨胀时期,优质的后发酵茶类,正在成为投资理财的一部分,实现基础保值及增值收益。

也许,在不久的将来,茶业、茶文化和茶叶金融的潜力会得到进一步释放,推动以茶叶金融为产业的创新升级。当然,茶叶金融也是一个系统严密的生态圈,无论是投资者、茶企也都不能仅仅关注眼前利益,茶叶的品质才是核心,茶叶金融化需要多方的共同努力。

金融有风险,投资需谨慎,茶叶也是大宗商品交易的一个体系,如果要做投资,必须注意金融风险。

4. 非遗现象,匠人精神和匠人经济复苏

这几年,“匠人精神”在国内频频被提及和使用。如何坚持和传承匠人精神,变成当代文化的一个主要命题。不过,我们认为,传承匠人精神的一个必要条件,是打造匠人经济。

从去年开始,茶语网正式布局电商平台,即茶语市集。不同于其他电商平台对商品的直接销售,茶语市集的电商,是以人为载体的——他们有各大茶类具有“匠人精神”的非遗传承人、各种好器。简单来说,我们希望这些真正拥有传统技艺、代表传统文化的人,是可以被消费,能被商业化的。

因为商业和文化并不冲突,传统与现代也并非两极。只是就文化而谈文化,就传承而谈传承,没有稳固的根基。而能被消费的文化,会有更强大的生命力,能融入当代的

传统，将永不消逝。

（二）茶饮品变革

1. 网红茶饮店

喜茶在2017年的爆红已经成为餐饮业的一个现象级事件，引发了社会关注和热议。这家发端于三线城市的茶饮店，成为刷爆网络的“网红”茶饮店。喜茶抓住了“高级”茶饮市场的风口，茶饮店是线下多种业态中比较赚钱的一个，相比餐馆、超市、电影院，茶饮店无疑是坪效较高的商业模式。中国茶饮行业的消费体验、消费升级让有卖点的茶饮店品牌开始出现，如2006年创立的快乐柠檬，2007年创立的COCO都可等。这批被称为“第二代”的茶饮品牌开始注重品牌意识和产品创新；但随着消费者更加注重自身需求和个人风格的体现，强调消费体验和差异化、个性化的茶饮品牌变得更有竞争力。于是，一种更加“高级”的茶饮文化开始涌现。品牌在扭转奶茶品牌缺乏消费者忠诚度意识上有了实质性的改变，颇受年轻人的喜爱和追随，也涌现出不少需要排队一小时甚至几小时的“网红奶茶店”，如喜茶、因味茶、奈雪の茶等。

在当今社会不仅需要做出品质好的茶，还要用年轻人喜欢的形式呈现出来，毕竟让年轻人一杯一杯在街边泡工夫茶，可能性不大，这就是市场空白点。喜茶的出现也可以说是刚好抓住了茶饮市场的这个机会。

2. 泡茶机兴起

茶饮机最早出现在西方，紧随胶囊咖啡机而诞生。人们为了更方便地喝上一杯新鲜咖啡，发明了胶囊咖啡机，以迎合市场需求。胶囊咖啡机让萃取咖啡的操作更加简单、方便。当操作机器时，将咖啡胶囊放入胶囊仓中，即可一键萃取咖啡，操作十分简便。在胶囊咖啡机问世后，茶饮机也沿用了其原理，满足爱茶人士的需求。

同样，茶饮机也是通过一些程序设定，将传统工夫茶的每一套工序转化成智能化、自动化泡茶的机器。通过控制浸泡时间来控制茶汤浓度，泡好以后，自动茶水分离。茶饮机就是使泡茶，更简单化、专业化、智能化的一种小家电。

随着人们对泡茶质量要求的不断提高，茶饮机的功能也在不断地升级。茶饮机从对茶叶的冲泡，逐渐转化为原叶冲泡，茶味口感提升了很多。智能泡茶机器内置SIP技术，不仅能够自动识别茶叶属性，选择性注入水量，同时还能记录用户的饮用数据，帮助用户控制咖啡因的摄取量并提高抗氧化剂水平。茶农和科学家提供的数据，为用户提供各种茶叶正确冲泡方法。

随着市场需求的逐渐增加，茶饮机也越来越受欢迎，这种快捷饮好茶的方式也被大家接受。茶饮机受欢迎程度增加的同时，人们对于茶饮机的要求也在不断提升。茶饮机为了更加满足市场的需求，也在不断地智能化。在未来，茶饮机随着市场需求会更加智能化。

任务二　茶艺的功用

一、茶艺泛解

1. 茶艺是文化

中国茶艺是一种文化。茶艺在中国优秀文化的基础上又广泛吸收和借鉴了其他艺术形式,并扩展到文学、艺术等领域,形成了具有浓厚民族特色的中国茶文化。

第一,茶艺是“茶”和“艺”的有机结合。茶艺是茶人把人们日常饮茶的习惯,根据茶道规则,通过艺术加工,向饮茶人和宾客展现茶的冲、泡、饮的技巧,把日常的饮茶引向艺术化,提升了品饮的境界,赋予茶以更强的灵性和美感。

第二,茶艺是一种生活艺术。茶艺多姿多彩,充满生活情趣,可以丰富我们的生活,提高生活品位,是一种积极的方式。

第三,茶艺是一种舞台艺术。要展现茶艺的魅力,需要借助于人物、道具、舞台、灯光、音响、字画、花草等的密切配合及合理编排,给饮茶人以高尚、美好的享受,给表演带来活力。

第四,茶艺是一种人生艺术。人生如茶,在紧张繁忙之中,泡出一壶好茶,细细品味,通过品茶进入内心的修养过程,感悟苦辣酸甜的人生,使心灵得到净化。

第五,茶艺是一种文化。茶艺在融合中华民族优秀文化的基础上又广泛吸收和借鉴了其他艺术形式,并扩展到文学、艺术等领域,形成了具有浓厚民族特色的中华茶文化。

2. 茶艺是享受

大家都知道喝茶是一种享受,可以静心神、修身性。中国茶文化有几千年的历史,茶道是一种美德、一种礼仪。无论你是在工作、还是在会友,茶都会起到很重要的作用,给人一种心平友好、和气和谐的感觉。所以我们要学习和了解一些关于茶艺的常识,使人与人之间的情感更进一步。

3. 茶艺是生活

随着茶艺的兴起和发展,茶艺已经广泛地融入了人们的生活当中,并对社会的物质生活和精神生活产生了重要影响。学习和掌握茶艺的基本内容和要求,对于丰富生活内容,提高生活品位,掌握一种生活和工作技能,促进中华茶文化的发展,都有着重要的意义。

二、茶艺的作用

1. 掌握一种生活技能

客来敬茶是中华民族传统礼仪和习俗，也是表达主客之间深厚友谊的一种方式。在熟悉和掌握了茶艺之后，如有客人来访，我们以茶艺待客，不仅更能融洽关系，而且也能提升品位。大家品茗谈天，在相互交流中感受博大精深的茶文化，平添几分乐趣，无形中也提高了交往的质量和意义。

2. 掌握一种工作技能

随着茶叶经营的发展，茶艺馆的普及以及国际间的茶文化交流的日益频繁，茶艺作为一种职业技能也受到社会越来越多的关注。劳动部门已把茶艺作为从业培训中的一项专门技能，提出相应的培训要求和从业资格的要求。茶艺师已经被列入国家的正规职业工种，并被分为五个级别：初级茶艺师、中级茶艺师、高级茶艺师、茶艺技师和高级茶艺技师。

3. 提高生活品位

茶艺是现代时髦的休闲活动，它能帮助人们保持身心健康。茶是最好的保健饮料，养成饮茶的习惯，能让人精神愉快，保持身体健康，这已被几千年的经验及现代科学所证明。饮茶能振奋精神，开阔思路，消除身心疲劳，保持旺盛的活力。以茶入菜、以茶佐菜，可以发挥茶的美味和营养功效，增添饮食的多样化和生活的情趣。

4. 修身养性

现代社会生活节奏加快，人们感到压力越来越大，总在感叹活得太累，似乎已经失去了自我。而茶具有性俭、自然、中正、纯朴的特质，饮茶作为一种清净的休闲方式，正如一股涓涓细流滋润着人们浮躁的心灵，平和着人们烦躁的情绪，成为人类最好的心灵抚慰剂。清净中令人神怡，和谐中令人轻松。

5. 弘扬中华茶文化

茶起源于中国，茶文化是中国传统文化的一朵美丽的花，是中华民族的瑰宝。然而，提起茶艺，人们首先想到的是日本茶道，殊不知这种被世人称为东方最美的文化艺术，原原本本就是从中国传入的。因此，研习茶艺，学习茶艺文化，普及茶文化，扩大茶文化的影响，可增强世界各国对中国茶文化的了解和认识。

【知识拓展】

茶艺与茶道、茶俗、泡茶的区别

【项目回顾】

本章节解读新版茶艺师标准;进一步介绍了茶业行业发展新方向,重新确定茶艺的地位和功能作用。

【技能训练】

1. 通过学习中国茶文化的历史渊源,讨论当代大学生学习传统茶文化对提高自身修养的重要意义。并结合自身情况写出心得体会,字数在500字左右。

2. 选择你所在城市中的某一茶艺馆或茶庄,了解该企业所经营的产品种类、开业时间、文化理念及面向消费者的档次等,从而对茶艺服务有一个初步的认识。

【自我测试】

1. 简答题

(1) 中国茶文化广义的含义是什么?中国茶文化狭义的含义包括哪些?它们之间有哪些内在的联系?

(2) 你认为学习茶文化有哪些好处?

项目一　茶之源

- 了解茶的起源，理解并掌握茶起源于中国的相关知识。
- 掌握中国茶文化的发展历史和各个历史时期的饮茶习俗。
- 掌握茶树的类型及我国的茶区知识。

中国人最早发现和利用了茶，并将其传向了世界，如今茶已经成为风靡世界的三大软饮料之一。茶文化是中国历史文化的重要组成部分，我国不同时期、不同民族拥有不同的饮茶文化和习俗。

✓音视频资源
✓拓展文本
✓在线互动

任务一　茶的起源

茶,是中华民族的举国之饮。中国是茶的发祥地,被誉为"茶的祖国"。世界各国凡提及茶事无一不与中国联系在一起。茶,是中华民族的骄傲。

一、茶的起源

中国是茶树的原产地,也是世界上最早利用茶叶的国家,至今已有五千年的历史。早在西汉末期,茶叶已成为商品,并开始讲究茶具和泡茶技艺。到了唐代,饮茶蔚为风尚,茶叶生产发达,茶税也成为政府的财政收入之一。茶树种植技术、制茶工艺、泡茶技艺和茶具等方面都达到前所未有的水平,还出现了世界上最早的一部茶书——陆羽的《茶经》。我国饮茶风气在唐代以前就传入朝鲜和日本,相继形成了"茶礼"和"茶道",至今仍盛行不衰。17 世纪前后,茶叶又传入欧洲各国。茶叶如今已成为世界三大软饮料之一,这是中国劳动人民对世界文明的一大贡献。

(一) 茶树的发现和利用

茶树是多年生常绿木本植物。茶最初是作为药用,后来发展成为饮料。《神农本草经》中记述了"神农尝百草,日遇七十二毒,得荼而解之"的传说,其中"荼"即"茶",这是我国最早发现和利用茶叶的记载。在我国,人们一谈起茶的起源,都将神农列为第一个发现和利用茶的人(见图 1 - 1)。

图 1 - 1　神农氏与《茶的历史》

(二) 茶的称谓

在古代史料中,茶的名称很多。《诗经》中有"荼"字;《尔雅》中既有"槚",又有"荼";《晏子春秋》中称"茗";《尚书·顾命》称"诧";西汉司马相如《凡将篇》称"荈诧";西汉末年杨雄《方言》称茶为"蔎";《神农本草经》称之为"荼草"或"选";东汉的《桐君录》中谓之"瓜芦木"等。唐代陆羽在《茶经》中提到"其名,一曰茶,二曰槚,三曰蔎,四曰茗,五日荈"。总之,在陆羽撰写《茶经》前,对茶的提法不下 10 余种,其中用得最多、最普遍的是"荼"。由于茶事的发展,指茶的"荼"字使用越来越多,有了区别的必要,于是从一字多义的"荼"字中,衍生出"茶"字。陆羽在写《茶经》时,将"荼"字减少一画,改写为"茶"。从此,在古今茶学书中,茶字的形、音、义也就固定下来了。

二、中国茶文化发展史

中国有着数千年古老而悠远的文明发展史，这为我国茶文化的形成和发展提供了极为丰富的底蕴。中国茶文化在其漫长的孕育与成长过程中，不断地融入了民族的优秀传统文化精髓，并在民族文化巨大而深远的背景下逐步走向成熟，中国茶文化以其独特的审美情趣和鲜明的个性风采，成为中华民族灿烂文明的一个重要组成部分。

（一）茶文化的早期（秦、汉）

茶有文化，是人类参与物质、精神创造活动的结果。据说在四千多年以前，我们的祖先就开始饮茶了，当时茶叶主要是作为药用、食物的补充、饮料等为人们所利用。到商周时期，这种饮食茶叶的习惯得到继承和发展；春秋战国时期，茶叶已传播至黄河中下游地区，当时的齐国（今山东境内）人也喜食茶叶做成的菜肴。秦汉之际，民间开始将茶当作饮料，这起始于巴蜀地区。到了汉代，有关茶的保健作用日益受到重视，文献记载也开始增多。西汉王褒在《僮约》中提到“烹茶尽具”“武阳买茶”，说明早在西汉时期，我国四川一带饮茶、种茶已十分普遍，并且有专门买卖茶叶的茶市。东汉以后，饮茶之风向江南一带发展，继而进入长江以北。东汉华佗《食经》中“苦茶久食，益意思”，记录了茶的医学价值。到三国魏代《广雅》中已最早记载了饼茶的制法和饮用：“荆巴间采叶作饼，叶老者饼成，以米膏出之。”

（二）茶文化的萌芽期（魏晋南北朝）

魏晋南北朝时期，饮茶之风传播到长江中下游，茶叶已成为日常饮料，用于宴会、待客、祭祀等。随着文人饮茶之风渐盛，有关茶的文学作品日渐问世，茶从一种单纯的饮食进入文化领域，被文人赋予了丰富的内涵，茶文学初步兴起。魏晋南北朝时期的《搜神记》《神异记》《搜神后记》《异苑》等小说中就包含一些关于茶的故事。这一时期出现的茶诗还有左思的《娇女诗》、张载的《登成都白菟楼》等。西晋时期的文人杜育专门写了一篇歌颂茶叶的《荈赋》，这是我国文学史上第一篇以茶为题材的散文，内容涉及茶之性灵、生长情况以及采摘、取水、择器、观汤色等各个方面，内容丰富、文辞优美，对后世茶文学作品的创作产生了极大的影响。

魏晋南北朝是我国饮茶史上的一个重要阶段，也可以说是茶文化逐步形成的时期。茶已脱离一般形态的饮食走入文化圈，起着一定的文化、社会作用。饮茶方法在经历含嚼吸汁、生煮羹饮阶段后，至魏晋南北朝时，开始进入烹煮饮用阶段。当时，饮茶的风尚和方式，主要有以茶品尝、以茶伴果而饮、茶宴、茶粥 4 种类型。这些都是茶进入文化领域的物质基础。

(三) 唐代茶文化的形成

在我国的饮茶史上,向来有“茶兴于唐,盛于宋”之说。唐代是中国封建社会发展的顶峰,也是封建文化的顶峰(见图 1-2)。唐代承袭汉魏六朝的传统,同时融合了各少数民族及外来文化之精华,成为中国文化史上的辉煌时期。随着饮茶风尚的扩展,儒、道、佛三教思想的渗入,茶文化逐渐形成独立完整的体系。在唐代以前,我国已有一千多年饮茶历史。这就为唐代饮茶风气的形成奠定了坚实的基础。唐代中期,社会状况为饮茶风气的形成创造了十分有利的条件,饮茶之风很快传遍全国,上至王公贵族,下至三教九流、士农工商,都加入饮茶者之列,并开始向域外传播。

随着茶业的发展和茶叶产量的增加,茶已不再是少数人所享用的珍品,已经成了无异于米盐的,社会生活不可缺少的物品。所以陆羽在《茶经·六之饮》中说,茶已成为“比屋之饮”。

1. 社会鼎盛促进了唐代饮茶盛行

社会鼎盛是唐代饮茶盛行的主要原因,具体体现在三个方面。第一,上层社会和文人雅士的传播。第二,朝廷贡茶的出现。由于宫廷大量饮茶,加之茶道、茶宴层出不穷,朝廷对茶叶生产十分重视。第三,佛教盛行。和尚坐禅,需要靠喝茶提神。佛门茶事盛行,也带动了信佛的善男信女争相饮茶,于是促进了饮茶风气在社会上的普及。在唐代形成的茶道有宫廷茶道、寺院茶礼、文人茶道。

2. 茶税及贡茶出现

唐代南方已有 43 个州、郡产茶,遍及今天南方 14 个产茶省区。可以说,我国产茶地区的格局,在唐代就已奠定了基础。北方不产茶,其所饮之茶全靠南方运送,因而当时的茶叶贸易非常繁荣。唐朝政府为了增加财政收入,于唐德宗建中元年(公元 780 年)开始征收茶税。《旧唐书·文宗本纪》记载,太和九年(公元 835 年),初立“榷茶制”(即茶叶专卖制)。唐朝政府还规定各地每年要选送优质名茶进贡朝廷,还在浙江湖州的顾渚山设专门为皇宫生产“紫笋茶”的贡院茶。

3.《茶经》问世

唐代集茶文化之大成者是陆羽,他的名著《茶经》的出现是唐代茶文化形成的标志。《茶经》概括了茶的自然、人文科学双重内容,探讨了饮茶艺术,把儒、道、佛三教融入饮茶中,首创中国茶道精神。它是世界第一部在当时最完备的综合性茶学著作,对中国茶叶的生产和饮茶风气都起了很大的推动作用。陆羽也因此被后人称为“茶圣”“茶神”。继《茶经》后又出现了大量茶书,如《茶述》《煎茶水记》《采茶记》《十六汤品》等。

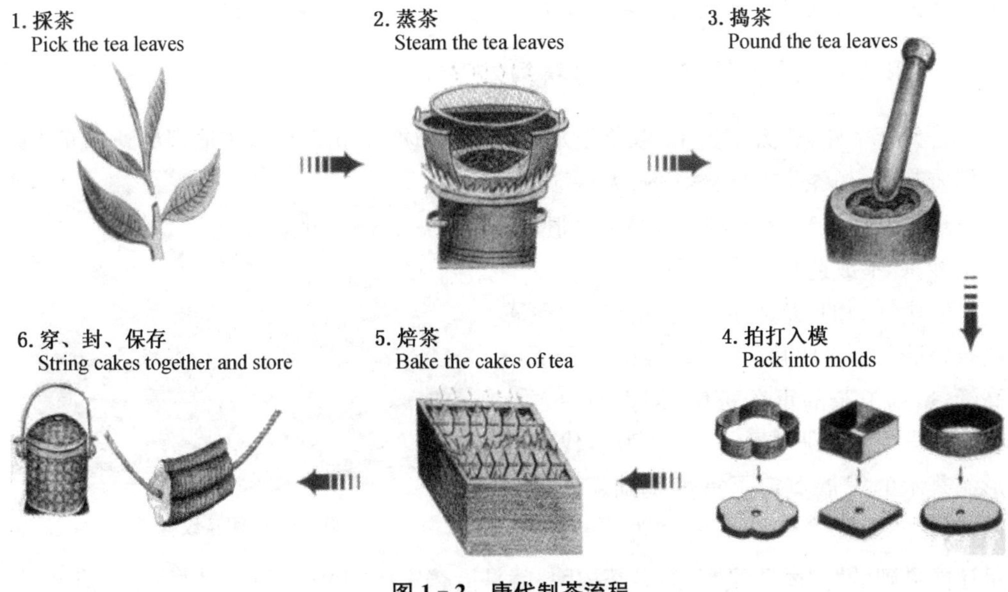

图 1－2　唐代制茶流程

4. 与茶相关的文学作品丰富

在唐代茶文化的发展中，文人的热情参与起了重要的推动作用。著名诗人李白、杜甫、白居易、杜牧、柳宗元、卢仝、皎然、齐已、皮日休、颜真卿、郑谷、元稹……百余文人写了 400 多篇涉及茶事的诗歌，正宗的茶诗就有近 70 首，其中最著名的要算卢仝的《走笔谢孟谏议寄新茶》更是千古绝唱和茶文学的经典，他也因这首茶诗而在茶文化史上留下盛名。唐代还首次出现了描绘饮茶场面的绘画，著名的有阎立本的《萧翼赚兰亭图》、张萱的《烹茶仕女图》、佚名的《宫乐图》、周昉的《调琴啜茗图》等。

5. 茶叶及饮茶方式的外传

中国的茶叶和饮茶方式在唐代才大量向国外传播，特别是对朝鲜和日本的影响很大。唐代是中国饮茶史上和茶文化史上的一个极其重要的历史阶段，也可以说是中国茶文化的成熟时期，是茶文化历史上的一座里程碑。

随着饮茶日趋普遍，人们以茶待客蔚然成风，并出现了一种新的宴请形式——茶宴。唐人将茶看作比钱更重要的上乘礼物馈赠亲友，寓深情与厚谊于茗中。有些文人、僧侣将品茗与游玩茶山合而为一。

(三) 宋代茶文化的兴盛

宋代是中国历史上茶文化大发展的一个重要时期。茶兴于唐而盛于宋。宋代的茶叶生产空前发展，饮茶之风非常盛行，既形成了豪华致极的宫廷茶文化，又兴起了趣味盎然的市民茶文化。宋代茶文化还继承了唐人注重精神意趣的文化传统，将儒学的内省观念渗透到茶饮之中，又将品茶贯穿于各阶层日常生活和礼仪之中，由此一直到元明清各代。与唐代相比,宋代茶文化在以下五个方面呈现了显著的特点。

1. 形成以“龙凤茶”为代表的精细制茶工艺

公元977年,宋太宗为了“取象于龙凤,以别庶饮,由此入贡”,派遣官员到建安北苑专门监制“龙凤茶”。宋徽宗在《大观茶论》中写道:“采择之精,制作之工,品第之胜,烹点之妙,莫不成造其极。”

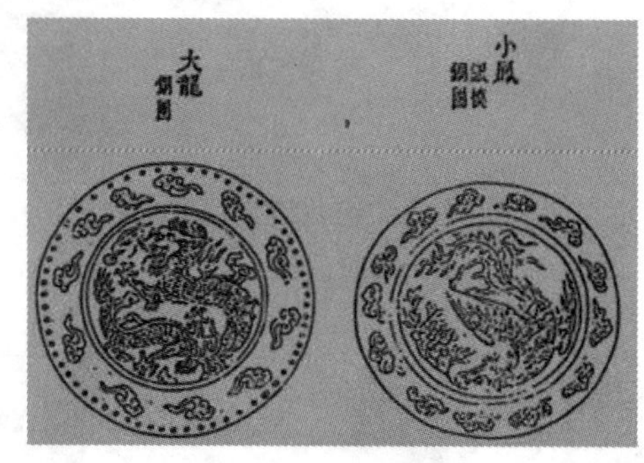

图1-3　团茶纹样

宋代创制的“龙凤茶”,把我国古代蒸青团茶(见图1-3)的制作工艺推向一个历史高峰,拓宽了茶的审美范围,即由对色、香、味的品尝,扩展到对形的欣赏,为后代茶叶形制艺术的发展奠定了审美基础。现今云南还出产“圆茶”“七子饼茶”之类,一些茶店里还能见到的“龙团”“凤髓”的名茶招牌,就是沿袭宋代“龙凤茶”而遗留的一些痕迹。

2. 皇宫及上层社会饮茶盛行,茶仪礼制形成

宋代贡茶工艺的不断发展以及皇帝和上层人士的投入,已取代了唐代由茶人与僧人领导茶文化发展的局面。宋代饮茶之风在皇宫及上层社会非常盛行,特别是上层社会嗜茶成风,王公贵族经常举行茶宴。宋太祖赵匡胤是位嗜茶之士,在宫廷中设立茶事机关。此时,宫廷用茶已分等级,茶仪礼制形成。宋时皇帝常在得到贡茶后举行茶宴招待群臣,以示恩宠;而赐茶也成皇帝笼络大臣、眷怀亲族的重要手段,还作为回赠的礼品赐给国外使节。宋徽宗赵佶对茶进行深入研究,写成茶叶专著《大观茶论》一书。全书共二十篇,对北宋时期蒸青团茶的产地、采制、烹煮、品质、斗茶风尚等均有详细记述,其中“点茶”一篇,见解精辟,论述深刻。

3. 宋代“斗茶”习俗的盛行和“分茶”技艺的出现

“斗茶”又称“茗战”,就是品茗比赛。斗茶(见图1-4)在唐代就已开始,唐代的苏廙所著的《十六汤品》就详细记载了斗茶的过程。到了宋代,制茶技术更加讲究,精益求精。为了评比茶质的优劣和点茶技艺的高低,宋代盛行“斗茶”。宋代斗茶有两条具体标准:一是斗色,看茶汤表面的色泽和均匀程度,鲜白者为胜;二是斗水痕,看茶盏内的汤花与盏内壁直接接触处有无水痕,水痕少者为胜。斗茶时所用的茶盏是黑色,它更容易衬托出茶汤的白色,也更容易看出茶盏上是否有水痕。因此,当时福建生产的黑釉茶盏最受欢迎。

宋代还流行一种技巧性很高的烹茶技艺,叫作分茶。斗茶和分茶在点茶技艺方面有相同之处,但就其性质而言,斗茶是一种茶俗,分茶则主要是茶艺,两者既有联系,又相区别,都体现了茶文化丰富的文化意蕴。

图 1－4　(元)赵孟頫《斗茶图》

4. 茶馆的兴盛

宋代饮茶风气的兴盛还反映在都市里的茶馆文化非常发达。茶馆，又叫茶楼、茶亭、茶肆、茶坊、茶室、茶居等，简而言之，是以营业为目的，供客人饮茶的场所。唐代是茶馆的形成期，宋代则是茶馆的兴盛期。五代十国以后，随着城市经济的发展和繁荣，茶馆、茶楼也迅速发展和繁荣。京城汴京是北宋时期政治、经济、文化中心，又是北方的交通要道，当时茶坊密密层层，尤以闹市和居民集中地为盛。

当时大城市里茶馆兴隆，茶境布置幽雅、茶具精美、茶叶品类众多，馆内乐声悠扬，具有浓厚的文化氛围，不但普通百姓喜欢上茶馆，就是文人学士也爱在茶馆品茶会友、吟诗作画。此外山乡集镇的茶店、茶馆也遍地皆是，它们或设在山镇，或设于水乡，凡有人群处，必有茶馆。南宋洪迈写的《夷坚志》中，提到茶肆多达百余处，说明随着社会经济的发展，茶馆逐渐兴盛起来，茶馆文化也日益发达。

5. 茶文化在文化艺术方面成就突出

宋代在文人中出现了专业品茶社团，有官员组成的“汤社”、佛教徒的“千人社”等。宋代的文人嗜茶、咏茶的也特别多，几乎所有的诗人都写过咏茶的诗歌，著名的大诗人欧阳修、梅尧臣、苏轼、范仲淹、黄庭坚、陆游、杨万里、朱熹等都写了许多脍炙人口的咏茶诗歌。宋代最有名的茶诗，要算范仲淹的《和章岷从事斗茶歌》，简称《斗茶歌》，全面细致生动地描写了宋人崇尚斗茶的盛况。宋代的画家们也绘制了许多反映茶事的绘画作品，如《清明上河图》中就有反映当时首都汴京临河的茶馆景象。

(四) 明、清茶文化的普及

在中国古代茶文化的发展史上，元明清也是一个重要阶段，无论是茶叶的消费和生产，还是饮茶技艺的水平、特色等各个方面，都具有令人陶醉的文化魅力。特别是茶文化自宋代深入市民阶层(最突出的表现是大小城市广泛兴起的茶馆、茶楼)后，各种茶文化不仅继续在宫廷、宗教、文人士大夫等阶层中延续和发展，茶文化的精神也进一步植根于广大民众之间，士、农、工、商都把饮茶作为友人聚会、人际交往的媒介。不同地区，

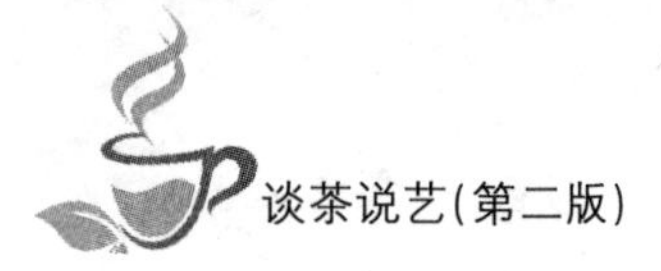

不同民族都有极为丰富的“茶民俗”。

元代虽然由于历史的短暂与局限,没能呈现文化的辉煌,但在茶学和茶文化方面仍然继续唐宋以来的优秀传统,并有所发展创新。原来与茶无交的蒙古族,自入主中原后,逐渐接受茶文化的熏陶。

1.“废团改散”促进了茶及茶文化的发展

明代饮茶风气鼎盛是中国古代茶文化又一个兴盛期的开始,明代茶叶历史上最重要的事件就是“废团改散”。明太祖朱元璋于洪武二十四年(公元1391年)九月十六日下诏:“罢造龙团,惟采茶芽以进”,即从此向皇宫进贡的只要芽叶型的蒸青散茶,并规定了进贡的四个品种:“探春、先春、次春、紫笋”。皇室提倡饮用散茶,民间自然更是蔚然成风。

“废团改散”是中国饮茶方法史上的一次革命。“废团改散”促进了茶及茶文化的发展,其重要意义表现在如下两个方面。第一,促进了茶叶生产。明代在茶叶生产上有许多重要的发明创造,在绿茶生产上除了改进蒸青技术外,还产生了炒青技术。除此之外,乌龙茶、红茶都起源于明代,花茶也在明代得到了极大的发展。第二,进一步促进了茶文化的普及与发展。茶叶生产的发展和其品饮方式的简化,使得散茶品饮这种“简便异常”的生活艺术更容易、更广泛地深入到社会生活的各个层面,植根于广大民间,从而使得饮茶艺术成为整个社会文化生活的一个重要方面。

2. 形成紫砂茶具的发展高峰

紫砂茶具始于宋代,到了明代,由于横贯各文化领域溯流的影响、文化人的积极参与和倡导、紫砂制造业水平提高和即时冲泡的散茶流行等多种原因,紫砂茶具的使用逐渐走上了繁荣之路。明代人崇尚紫砂壶几近狂热的程度。“今吴中较茶者,必言宜兴瓷”(周容《宜瓷壶记》),“一壶重不数两,价值每一二十金,能使土与黄金争价”(周高起《阳羡茗壶系》),可见明人对紫砂壶的喜爱之深。在这个时期,由于泡茶简便、茶类众多,烹点茶叶成为人们一大嗜好,饮茶之风更为普及。

3. 形成了更为讲究的饮茶风尚

民间大众饮茶方法的讲究表现在很多方面,如“杭俗烹茶,用细茗置茶瓯,以沸汤点之,名为撮泡”。当时,人们泡茶时,茶壶、茶杯要用开水洗涤,并用干净布擦干,茶杯中的茶渣必须先倒掉,然后再斟。闽粤地区民间嗜饮工夫茶者甚众,故精于此“茶道”之人亦多。明清时期在茶叶品饮方面的最大成就是“工夫茶艺”的完善。工夫茶是适应茶叶撮泡的需要,经过文人雅士的加工提炼而成的品茶技艺。大约在明代形成于江浙一带的都市里,并扩展到闽粤等地,在清代转移到闽南、潮汕一带为中心,至今“潮汕工夫茶”仍享有盛誉,已成为当今茶艺馆里的主要泡茶方式之一。工夫茶讲究茶具的艺术美、冲泡的程式美、品茶的意境美,此外还追求环境美、音乐美等。总之,明清的茶人已经将茶艺推进到尽善尽美的境地,形成了工夫茶的鼎盛期。

4. 明清茶著、茶画丰富和采茶戏的出现

中国是最早为茶著书立说的国家，并在明代达到又一个兴盛期，而且形成鲜明特色。茶文化开始成为小说描写对象，诗文、歌舞、戏曲等文艺形式中描绘“茶”的内容很多。在明初，由于社会不够安定，许多文人胸怀大志而无法施展，不得不寄情于山水或移情于琴棋书画，而茶正可融合于其中，因此许多明初茶人都是饱学之士。这种情况使得明代茶著极多，计有50多部，是茶著最丰富的时期，其中有许多乃传世佳作。

明清茶画丰富，明画家陈洪绶的《品茶图轴》，唐寅的《烹茶画卷》《品茶图》，文徵明的《惠山茶会记》《陆羽烹茶图》《品茶图》，丁云鹏的《玉川烹茗图》，清代薛怀的《山窗清供图》等，都是明清时代文人雅士的传世之作。

明清时期的茶文化在文化艺术方面的成就，除了茶诗、茶画外，还出现了众多的茶歌、茶舞以及采茶戏。在采茶季节，采茶姑娘喜爱唱山歌，用歌声来抒发感情，表达心情，反映茶区生活，其中最多的是采茶歌，在江南各省的茶区都有采茶歌，同时又产生了茶舞，如采茶舞、采茶灯等。以后又在茶舞、茶歌的基础上吸收民间音乐小调形成了地方剧种，如采茶戏、花鼓戏、花灯戏等，其中又以江西采茶戏、湖北采茶戏、广西茶灯戏、云南茶灯戏等较为有名。采茶戏的出现，是明清茶文化史上的一个重大成就。

5. 茶叶外销的历史高峰形成

清朝初期，以英国为首的资本主义国家开始大量从我国运销茶叶，使我国茶叶向海外的输出量猛增。茶叶的输出常伴以茶文化的交流和影响。英国在16世纪从中国输入茶叶后，茶饮逐渐普及，并形成了特有的饮茶风俗，它们讲究冲泡技艺和礼节，其中有很多中国茶礼的痕迹。早期俄罗斯文艺作品中有众多的茶宴茶礼的场景描写，这也是我国茶文化在早期俄罗斯民众生活中的反映。

到了清代后期，由于市场上有六大茶类出售，人们已不再单饮一种茶类，而是根据各地风俗习惯选用不同茶类，如江浙一带人，大都饮绿茶，北方人喜欢喝花茶或绿茶。不同地区、民族的茶习俗也因此形成。

(五) 茶文化的再现辉煌期(当代)

改革开放后的现代茶文化更具有时代特色，使以中国茶文化为核心的东方茶文化在世界范围内掀起一个热潮，这是继唐宋以来茶文化出现的又一个新高潮，主要表现在以下几个方面。

1. 茶艺交流蓬勃发展

20世纪80年代末以来，茶艺交流活动在全国各地蓬勃发展，特别是城市茶艺活动场馆迅猛涌现，已形成了一种新兴产业。目前，中国的许多省、市、自治区以及一些重要的茶文化团体和企事业单位都相继成立了茶艺交流团(队)，使茶艺活动成为一种独立的艺术门类。茶文化社团应运而生。众多茶文化社团的成立对张扬茶文化、引导茶文

化步入健康发展之路和促进“两个文明”建设起到了重要作用。

2. 茶文化节和国际茶会不断举办

每年各地都会举办规模不一的茶文化节和国际茶会,如西湖国际茶会、中国溧阳茶叶节、中国广州国际茶文化博览会、武夷岩茶节、普洱茶国际研讨会、法门寺国际茶会、中国信阳茶叶节、中国重庆永川国际茶文化旅游节等,都已举办过多次。这些活动从不同侧面、不同层次、不同方位,深化了茶文化的内涵。

3. 茶文化书刊推陈出新

不少专家学者对茶文化进行系统的、深入的研究,已出版了数百部相关茶文化的专著,还有众多茶文化专业期刊和报纸、报道信息、研讨专题,使茶文化活动具有较高的文化品位和理论基础。

4. 茶文化教学研究机构相继建立

目前,中国已有20余所高等院校设有茶学专业,培养茶业专门人才。有的高等院校还成立了茶文化研究所,开设茶艺专业和茶文化课程。一些主要的产茶省自治(区)也设立了相应的省级茶叶研究所。许多茶叶产销省、市自治区还成立了专门的茶文化研究机构,如中国国际茶文化研究会、北京大学东方茶文化研究中心、上海茶文化研究中心、上海市茶业职业培训中心、香港中国国际茶艺学会等。此外,随着茶文化活动的高涨,除了原有综合性博物馆有茶文化展示外,杭州的中国茶叶博物馆、四川茶叶博物馆、漳州天福茶博物院、上海四海茶具馆、香港茶具馆等也已相继建成。

5. 茶馆业的发展突飞猛进

20世纪80年代以来,中华茶文化全面复兴,茶馆业的发展更是突飞猛进。现代茶艺馆如雨后春笋般地涌现,遍布都市城镇的大街小巷。目前中国每一座大中城市都有茶馆(茶楼、茶坊、茶社、茶苑等),许多酒店也附设茶室。鉴于现代茶馆业的迅猛发展,中国国家劳动和社会保障部于1998年将茶艺师列入国家职业大典,茶艺师这一新兴职业走上中国社会舞台。2001年又颁布了《茶艺师国家职业标准》,规范了茶馆服务行业。茶艺馆成为当代产业发展中亮丽的风景。

6. 少数民族茶文化异彩纷呈

中国有55个少数民族,由于所处地理环境、历史文化及生活风俗的不同,形成了不同的饮茶风俗,如藏族的酥油茶、维吾尔族的香茶、回族的刮碗子茶、蒙古族的咸奶茶、侗族和瑶族的打油茶、土家族的擂茶、白族的三道茶、哈萨克族的土锅茶、布朗族的青竹茶等。当代少数民族的茶文化也有长足的发展,云南等少数民族较集中的省区成立了茶文化协会,民族茶文化异彩纷呈。

任务二　中国茶区

全世界种茶面积约为 250 万公顷，茶叶年总产量约为 290 万吨，其中红茶产量约占总产量的 75%，主要产国有印度、中国、斯里兰卡、肯尼亚、土耳其、印度尼西亚和格鲁吉亚等；绿茶产量约占 22%，主要产国有中国、日本、越南等；乌龙茶等其他茶类约占 3%，主要产在中国的福建、广东、台湾。

世界上产茶量最大的国家是中国，其次是印度、肯尼亚、斯里兰卡、土耳其和印度尼西亚。据统计，亚洲的茶叶产量约占世界总产量的 80%，非洲约占 13%，其他地区约占 7%。国际茶叶贸易量每年约为 110 万吨，出口茶叶较多的国家是印度、中国、肯尼亚、斯里兰卡和印度尼西亚。

我国的茶区分布极为广阔，东西南北中，纵横千里，茶园遍及浙江、湖南、四川、重庆、福建、安徽、云南、广东、广西、贵州、湖北、江苏、江西、河南、海南、台湾、西藏、山东、陕西、甘肃等 20 个省、自治区、直辖市的近千个县市。我国现有茶园面积 110 万公顷，全国分为四大茶区：西南茶区、华南茶区、江南茶区和江北茶区。

一、西南茶区

西南茶区位于中国西南部，包括云南省、贵州省、四川省、西藏自治区东南部，是中国最古老的茶区，也是中国茶树原产地的中心所在。该区地形复杂，海拔高低悬殊，大部分地区为盆地、高原；温差很大，大部分地区属于亚热带季风气候，冬暖夏凉；土壤类型较多，云南中北地区多为赤红壤、山地红壤和棕壤，四川、贵州及西藏东南地区则以黄壤为主。本茶区茶树品种资源丰富，盛产绿茶、红茶、黑茶和花茶等，是我国发展大叶种红碎茶的主要基地之一，名茶有蒙顶甘露、都匀毛尖、云南普洱、竹叶青、重庆沱茶等。

二、华南茶区

华南茶区位于中国南部，包括广东省、广西壮族自治区、福建省、中国台湾地区、海南省等，是中国最适宜茶树种植的地区。这里年平均气温为 19 ℃～22 ℃（少数地区除外），年降水量在 2 000 毫米左右，为中国茶区之最。华南茶区资源丰富，土壤肥沃，有机物质含量很高，土壤大多为赤红壤，部分为黄壤；茶树品种资源也非常丰富，集中了乔木、小乔木和灌木等类型的茶树品种，部分地区的茶树无休眠期，全年都可以形成正常的芽叶，在良好的管理条件下可常年采茶，一般地区一年可采 7～8 轮；适宜制作红茶、黑茶、乌龙茶、白茶、花茶等，所产大叶种红碎茶，茶汤浓度较大。名茶有：安溪铁观音、武夷大红袍、台湾冻顶乌龙、小种红茶、广西六堡茶等。

三、江南茶区

江南茶区是我国茶叶的主要产区,位于长江中下游南部,包括浙江、湖南、江西等省和安徽、江苏、湖北三省的南部等地,其茶叶年产量约占我国茶叶总产量的 2/3,是我国茶叶主要产区。这里气候四季分明,年平均气温为 15 ℃～18 ℃,年降水量约为 1 600 毫米。茶园主要分布在丘陵地带,少数在海拔较高的山区。茶区土壤主要为红壤、部分为黄壤。茶区种植的茶树多为灌木型中叶种和小叶种以及少部分小乔木型中叶种和大叶种,生产的主要茶类有绿茶、红茶、黑茶、花茶以及品质各异的特种名茶。该茶区是西湖龙井、洞庭碧螺春、黄山毛峰、君山银针、太平猴魁、安吉白茶、白毫银针、六安瓜片、祁门红茶、正山小种、庐山云雾等名茶的原产地。

四、江北茶区

江北茶区位于长江中下游的北部,包括河南、陕西、甘肃、山东等省和安徽、江苏、湖南三省的北部。江北茶区是我国最北的茶区,气温较低,积温少,年平均气温为 15 ℃～16 ℃,年降水量约 800 毫米,且分布不均,茶树较易受旱。茶区土壤多为黄棕壤或棕壤,江北地区的茶树多为灌木型中叶种和小叶种,主要以生产绿茶为主,是信阳毛尖、午子仙毫、恩施玉露等名茶的原产地。

世界上有茶园的国家虽然不少,但是中国、印度、斯里兰卡、印尼、肯尼亚、土耳其等几国的茶园面积之和就占了世界茶园总面积的 80%以上。世界上每年的茶叶产量大约有 300 万吨,其中 80%左右产于亚洲。

【知识拓展】

陆羽与《茶经》

茶百戏

【项目回顾】

茶及茶文化是中国文化史的重要瑰宝，也是我国传给世界各国的重要礼物。中国人最早发现和利用了茶，茶文化源远流长，在不同历史时期茶文化的发展具有不同特点，也由此产生了深厚的茶文化和多样的饮茶习俗。本章主要介绍了茶的起源、茶文化的发展历史和各时期的饮茶方式以及中国茶产区。现代生活高品质的标志不可缺少茶香气息，作为中华儿女应该了解和弘扬我国传统的茶文化，用高雅的茶艺美化生活。

【技能训练】

通过学习中国茶文化的历史渊源，讨论当代大学生学习传统茶文化对提高自身修养的重要意义。并结合自身情况写出心得体会，字数在 1 000 字左右。

【自我测试】

1. 选择题

(1) 唐代主流饮茶方式是(　　)。

A. 粥茶法　　B. 煎茶法　　C. 点茶法　　D. 撮泡法

(2) 世界上产茶量最大的国家是(　　)。

A. 中国　　B. 印度　　C. 肯尼亚　　D. 斯里兰卡

2. 判断题

(1) 中国是世界上最早利用茶树的国家。(　　)

(2) 全国可以分为四大产茶区：西南茶区、华南茶区、江南茶区和江北茶区。(　　)

3. 思考题

中国茶文化发展大致经历哪几个阶段，简述各阶段的特点和饮茶方式。

项目二　茶之造

学习目标

- 掌握茶叶的分类知识。
- 掌握基本茶类的加工工艺过程。

项目导读

中国是茶树的故乡，不但茶区分布较广，而且茶叶种类多样，每种茶叶无论是在外观、香气或是口感上，都有或细微或明显的差别，因而造就了中国茶叶的多样风貌。本项目主要介绍了茶树的种类，茶叶的分类标准和六大茶类的加工工艺知识。

✓音视频资源
✓拓展文本
✓在线互动

任务一　茶叶的分类

我国是一个多茶类的国家，茶类之丰富，茶名之繁多，在世界上是独一无二的。茶叶界有句行话："学茶学到老，茶名记不了"，这便是指我国琳琅满目的茶叶品名，即使是从事茶叶工作的人，一辈子也不见得能够全部记清楚。当今社会关于茶类的划分有多种方法及不同标准，我们将其归纳为以下几种类型。

一、依据产茶季节分类

中国及日本的许多产茶区，均按季节来为茶分类（见图 2-1）。

1. 春茶

每年 3 月上旬至 5 月中旬（立春后到谷雨前）采制的茶，茶叶至嫩，品质甚佳，称为头帮茶或头水茶。采摘期约 20～40 天，随各地气候而异。春季气温回升，雨量渐增，经过一个冬季休养，营养积累较充分，使得春梢芽叶肥硕，色泽翠绿，叶质柔软，富含氨基酸和维生素，滋味鲜活，香气扑鼻，保健作用最佳。春茶中常见"明前茶"的说法，专指清明节前采制的茶，有"明前茶，贵如金"之说。明前茶采摘早，营养丰富，品质上乘，产量较少，上市时间早，比较受欢迎。明前茶的说法比较适用于中小叶种茶产区，在大叶种茶产区有一定的争议。

2. 夏茶

每年 5 月初至 7 月初采制的茶，又称二帮茶或二水茶。夏季天气炎热，茶树新梢芽叶生长迅速，氨基酸含量减少，带苦涩味的花青素、咖啡因、茶多酚含量比春茶高，使得茶汤滋味、香气多不如春茶，滋味偏苦涩。在大叶种茶产区，夏茶的利用率相对高于中小叶种茶产区，可以利用夏茶咖啡因、茶多酚含量高的特点采制普洱熟茶和红茶，发酵过程中，茶多酚会转化成更有用、更容易被人体吸收的茶黄素、茶红素和茶褐素。

3. 秋茶

每年 8 月中旬以后采制的茶，又称三水茶。秋季气候条件介于春夏之间，茶树经春夏二季生长、采摘，新梢芽内含物质相对夏茶更多，春茶更少，叶片大小不一，叶底发脆，叶色发黄，滋味、香气显得比较平和，甚至有些秋茶香气比春茶要好，铁观音有"春水秋香"之说，就是春茶滋味比较突出，秋茶香气最佳。

4. 冬茶

每年 10 月下旬开始采制，我国江南、江北茶区甚少采制，仅云南及台湾，因气候较

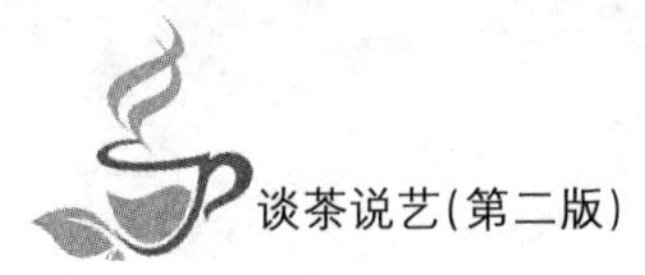

为温暖，尚有采制。秋茶采完气候逐渐转凉，冬茶新梢芽生长缓慢，茶树逐渐进入休眠期，开始积累内含物质。冬茶滋味醇和，香气浓烈，但一般不如春茶醇厚耐泡。

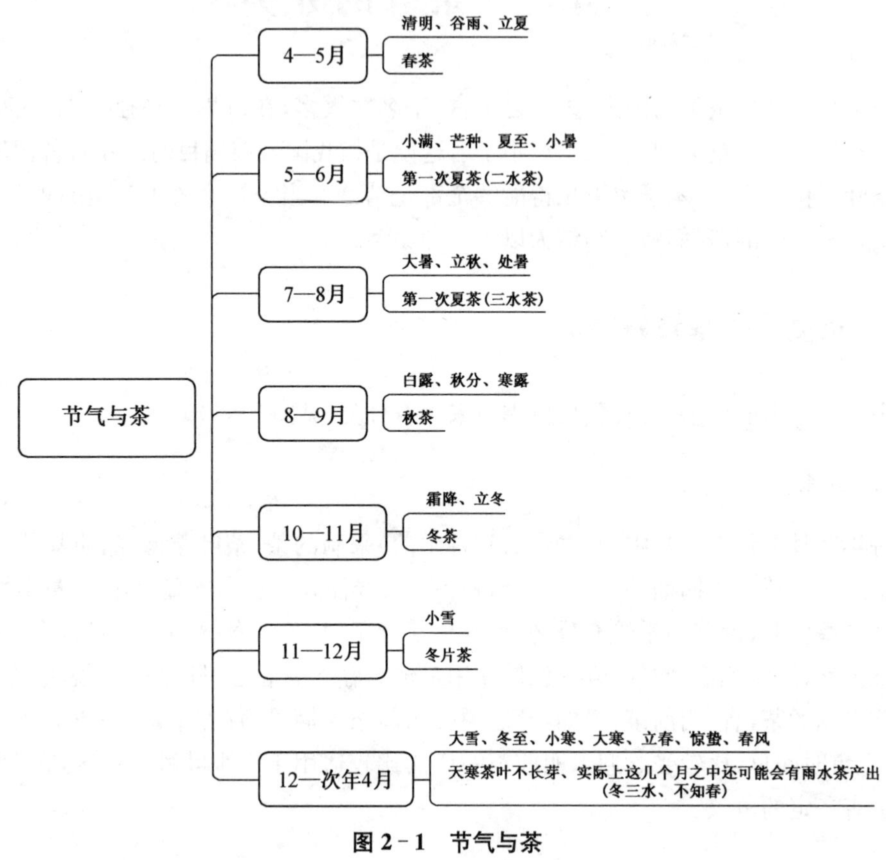

图 2-1　节气与茶

二、依据茶树生长环境分类

依据茶树的生长环境来分类，有“高山茶”和“平地茶”之分。“高山”和“平地”只是一个相对的概念，必须界定在一定区域范围内。顾名思义，高山茶即产于高山茶园的茶，平地茶是产自平坦低地茶园的茶。通常高山茶品质优于平地茶，素有“高山出好茶”之说。

1. 平地茶

茶芽叶较小，叶底坚薄，叶张平展，叶色黄绿欠光润。加工后的茶叶条索较细瘦，骨身轻，香气低，滋味淡。主要因为平地的微环境和土壤特点使茶树无法形成良好的营养积累。

2. 高山茶

由于高山环境适合茶树喜温、喜湿、耐阴的习性，故有高山出好茶的说法。随着海拔高度的不同，造成了高山环境的独特特点，从气温、降雨量、湿度、光照、土壤到山上生长的树木，这些环境对茶树以及茶芽的生长都提供了得天独厚的条件。因此高山茶与平地茶相比，高山茶芽叶肥硕，颜色绿，茸毛多。加工后之茶叶，条索紧结，肥硕。白毫显露，香气浓郁且耐冲泡。

三、依据茶的销售区域分类

历史上，我国茶叶无论是产量和出口量，曾长期占据世界首位，茶叶质量誉称世界第一。虽然现在印度、日本、肯尼亚、斯里兰卡等异军突起，但在茶叶产量、茶叶种类和茶叶所创造的各种价值的总和方面，都无法和我国比较。我国茶叶在历史上沿着丝绸之路销往世界各国，现在，更是渗透到世界更多的地区和国家。

按销售区域划分可分为内销茶、边销茶、外销茶和侨销茶四类。

1. 内销茶

内销茶以内地消费者为销售对象。因各地消费习惯不同，喜好的茶类也有差别。如华北和东北以花茶为主，长江中下游地区以绿茶为主；台湾、福建、广东特别喜爱乌龙茶，西南和中南部分地区则消费当地生产的晒青绿茶。现代社会，信息传递迅速，人们的追求更加多元化，晒青绿茶因其独特的品质特征受到更多人的青睐。

2. 边销茶

边销茶实际也是内销茶，只是消费者主要为西北边疆少数民族，尤其是藏族。因西北边疆自然环境不适宜种植绿色植物，边民无法摄取足量的维生素及其他只有绿色植物才能提供的养分，而茶叶正好可以弥补这样的缺失，而且茶叶还能非常完美地与当地的各种习惯、文化融合在一起。历史上很多朝代，甚至用茶叶牵制边疆少数民族政权的发展，以减少边境不稳定的因素。边民长期以来形成了饮茶习惯，“宁可一日无食，不可一日无茶”“一日无茶则滞，三日无茶则病”，很形象地说明了边民对茶叶的依赖。

3. 外销茶

外销茶除讲究茶叶的色香味外，对农残和重金属等有害物质含量的要求很严；对茶叶包装也很讲究，尤其在包装的容量、装潢用色、文字与图案设计等方面要照顾茶叶进口国的传统、宗教和风俗习惯，不能触犯其忌讳，故在销往这些国家的茶叶包装上就不能出现这些图案或近似图案。

4. 侨销茶

侨销茶实际也是外销茶，不过消费者是侨居国外的华侨，特点是喜饮乌龙茶。

四、依据茶叶的加工工艺分类

目前被国内外广泛认可的茶叶分类方法是由我国著名的茶学专家陈椽教授提出的按照加工工艺和品质特征建立的“六大茶类”的分类体系，也就是按照茶多酚氧化的程度来分，有绿茶、黄茶、白茶、青茶(乌龙茶)、红茶、黑茶。在影响茶叶品质的诸多因素中，生产工艺是最直接也是最主要的，任何茶叶产品，只要是以同一种工艺进行加工而成就会具有相同或相似的基本品质特征。因此依据茶叶的加工工艺划分是目前比较被认可的茶叶分类方法。

根据茶叶加工工艺可分为基本茶类和再加工茶类两种。

1. 基本茶类

凡是采用常规的加工工艺，茶叶产品的色、香、味、形符合传统质量规范的，叫作基本茶类，如常规的绿茶、红茶、白茶、黄茶、青茶和黑茶等(见图 2－2)。

2. 再加工茶类

进一步加工，使茶叶基本质量性状发生改变的，叫作再加工茶类，其范围主要包括六大类，即：花茶、紧压茶、萃取茶、药用茶、功能性茶食品、果味香茶(含茶饮料)等(见图 2－3)。

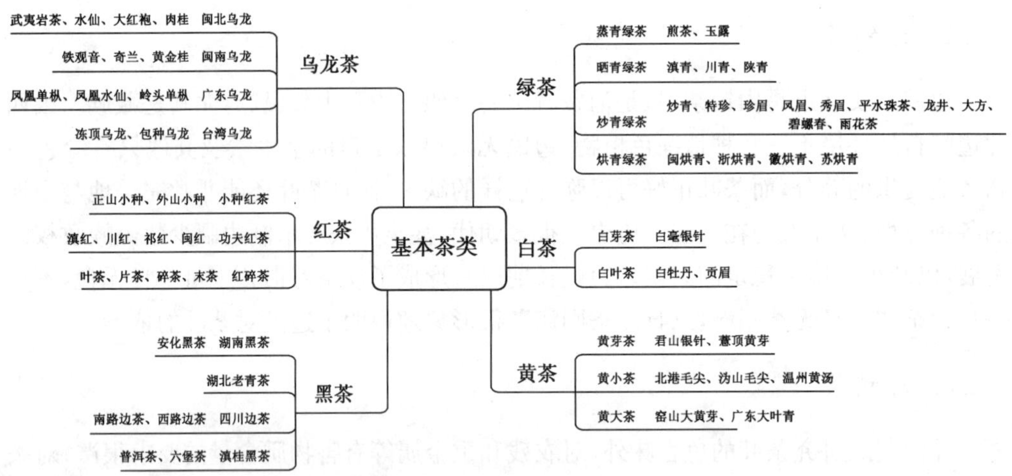

图 2－2 基本茶类的分类

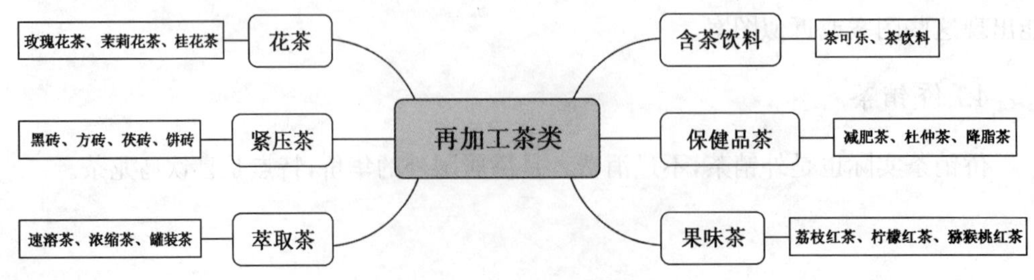

图 2－3 再加工茶的分类

任务二　六大基本茶类

我国是茶树的原生地，茶叶品种繁多。人们日常所喝到的红茶、绿茶、白茶、乌龙茶等茶叶，都是采摘茶树上的芽叶加工而成。根据制法与品质的系统性和加工中的内质主要变化，尤其是多酚类氧化程度的不同，通常把茶叶分成绿茶、黄茶、白茶、青茶(乌龙茶)、红茶、黑茶六大类。

一、六大茶类加工工艺流程(见图 2－4)

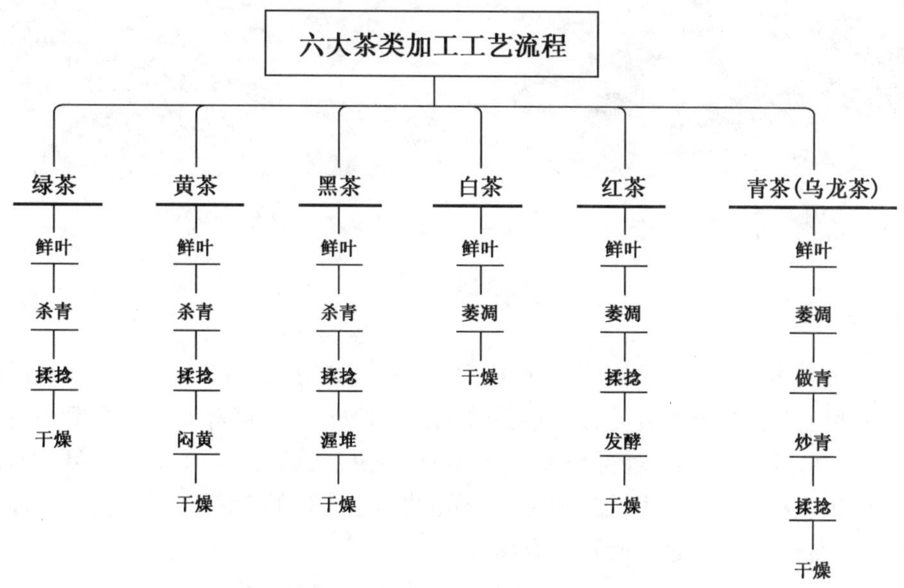

图 2－4　六大茶类工艺流程一览图

六大茶类的基本制法是分别在杀青、萎凋、揉捻、发酵(或做青)、渥闷(渥堆和闷黄)和干燥等六道工序中，选取几道工序组成，其中三种茶类由杀青开始，另三种从萎凋着手，而最后一道工序都是干燥。工序组合不同，形成的茶类亦不同。虽然工序类同，但由于某工序的技术措施或细节处理不同，则产品品质亦异。

1. 杀青

杀青是茶叶初制关键工序之一，有手工杀青和机械杀青之分，是绿茶品质特征形成的关键环节，干茶的色泽、香气、滋味基本形成(见图 2－5)。杀青的主要目的是在短时间内利用高温破坏鲜叶中的多酚氧化酶的活性，抑制多酚类酶促氧化，使内含物在非酶促作用下，形成绿茶、黑茶、黄茶的色、香、味的品质特征；同时，叶片在高温失水的情况下，会变得柔软，方便揉捻；此外，杀青还可以除去鲜叶的青草气，散发良好香味。杀青温度过高，容易出现焦片或黑点，产生糊香味。

2. 萎凋

萎凋是制作红茶、白茶和青茶的第一道工序，是形成红茶品质特征的基础工序，即将鲜叶进行摊放、晾晒，使鲜叶适度失水和内含物得到初步转化，从而使叶片变得柔软，便于造型，形成茶香。萎凋可分为自然萎凋、萎凋槽萎凋(见图 2-6)和日晒萎凋。

图 2-5　锅式杀青

图 2-6　萎凋槽

3. 揉捻

揉捻是初步做形的工序，有手工揉捻和机器揉捻之分(见图 2-7、图 2-8)，影响着茶叶的外形及色泽的油润程度、茶汤颜色的亮度和滋味浓醇度等。揉捻主要是借助外力来破坏茶叶的组织细胞，使部分茶汁流出，粘于茶叶表面，冲泡的时候，茶叶的水溶性物质才能快速地溶解在水里，增进色香味的浓度；同时还可以缩茶叶体积，方便冲泡存储，使芽叶卷曲成条，促进茶叶外形美观。

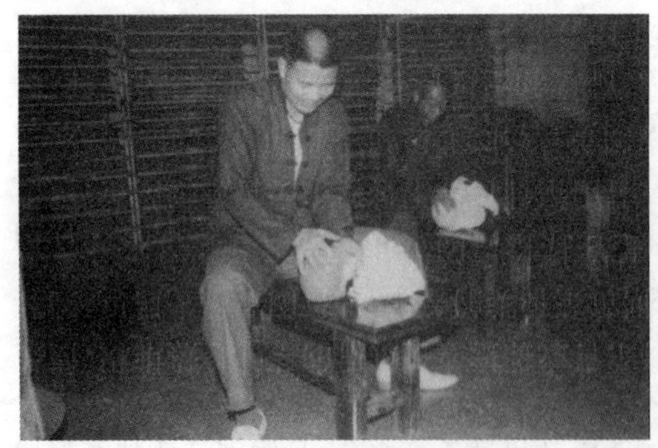

图 2-7　手工揉捻

图 2-8　机器揉捻

4. 闷黄

闷黄是黄茶制作特有的一道工序，是将杀青或揉捻或初烘后的茶叶趁热堆积，使茶坯在湿热作用下逐渐黄变的特有工序。根据黄茶种类的差异，进行闷黄的先后也不同，可分为湿坯闷黄和干坯闷黄。如温州黄芽是在揉捻后闷黄，属于湿坯闷黄，水分含量多，变黄快；打晃茶则是在初干后堆积闷黄；君山银针在炒干过程中交替进行闷黄；霍山黄芽是炒干和摊放相结合的闷黄，称为干坯闷黄，含水量少，变化时间长。叶子含水量的多少和叶表温度是影响闷黄的主要因素。湿度和温度越高，变黄的速度越快。闷黄是形成黄茶金黄的色泽和醇厚茶香的关键工序。

5. 渥堆

当茶叶采收经过初制成为毛茶后，用人工的方法加速茶叶发酵，这种方法即渥堆。渥堆是黑茶制造中的特有工序，也是形成和奠定黑茶品质的关键性工序。经过这道特殊工序，使叶内的内含物质发生一系列复杂的化学变化，以形成黑茶特有的色、香、味。渥堆就是按照一定的茶水比例在毛茶上洒水，堆起来，随着水发挥作用，堆起的茶叶内部温度会升高，会在水热作用下发生非酶性自动氧化，进而产生一系列物理反应和化学反应，促成茶多酚的氧化。当茶堆内部达到一定温度时，必须翻堆、匀堆，水分不够必须补水，随着渥堆程度的推进，颜色由绿转黄、栗红、栗黑，经过多次翻动，发酵程度达到要求即可结束渥堆进行干燥。

6. 发酵

发酵时，是利用茶叶的湿热作用进行，将揉捻叶呈一定厚度摊放，茶叶中的茶多酚在多酚氧化酶等作用下氧化聚合，产生一定的颜色、滋味与香味。通过控制发酵程度，可使茶叶有不同的色香味表现。其实在制茶的过程当中，还存在着一种不以人的意志转移的发酵，从堆放开始，只要有湿热的地方，发酵都一直进行着。黑茶通过渥堆发酵，氨基酸含量增加近80%，增加了鲜爽味，咖啡因损失近40%，大大降低了苦味，可溶性糖类和果胶素含量也增加，甜味和茶汤黏稠度得到提升。

7. 干燥

干燥是六大茶类初制的最后一道工序，干燥过程除了去水分达到足干，便于贮藏，以供长期饮用外，还有在前几道工序基础上，进一步形成茶叶特有的色、香、味和形状的作用，尤其是红茶，大多数都需要高温提香。常用的干燥方法有烘干、炒干、晒干。

由于近几年特别追求手工的功效，在加工工艺上产生了手工茶、半手工茶和机械茶的说法。作为消费者，对任何一种都不能一味地否定或肯定，更不能不讲实际地迷恋，只要真正掌握了技术和技巧，能体现出茶叶的最佳品质特征就是好的。

二、六大茶类

1. 绿茶

绿茶是不发酵茶。是我国产量最多的一类茶叶，其品种之多居世界首位。唐代之初，人们把鲜叶蒸软捣碎制成“蒸青团茶”和“蒸青饼茶”，宋代开始出现蒸青散茶，到明代，出现了炒青绿茶，在我国西南地区，有晒青绿茶。

基本特征：绿茶为不发酵茶，特点是“绿叶清汤”，通常分为炒青、烘青、蒸青和晒青绿茶，按形状分有条形、圆形、扁形、片形、针形、卷曲形等等，香气的类型则有豆香型、板栗香型，还有花香型和鲜爽的毫香型，滋味鲜爽回甘、浓醇，具有收敛性。

加工工艺：鲜叶—杀青—揉捻—干燥。

典型代表：龙井、碧螺春、雨花茶、太平猴魁、黄山毛峰、信阳毛尖、玉露、煎茶、滇青、川青，等等。

冲泡方法：

绿茶的冲泡方法视不同的品类而有较大的差别，一般分为名优绿茶和大众绿茶。名优绿茶用玻璃杯冲泡，又分上投法、下投法和中投法，视具体的茶叶品质特征而定，如龙井采用中投法，碧螺春采用上投法，而一些烘青如黄山毛峰则采用下投法。具体冲泡名优绿茶水温为 80 ℃～85 ℃，若水温过高，容易起泡沫，水温不够，茶味不鲜爽；使用清澈透明的玻璃杯冲泡，可以观赏茶叶的外形。冲泡时间约为 3 分钟，用量约为玻璃杯容积的八分之一，而大众绿茶则可使用盖碗冲泡，用量约为 3～5 克，水温略高，约为 90 ℃～95 ℃，冲泡时间约 6～10 秒。

保健功效：清肝明目、护肤养颜、抗癌抗辐射、提神醒脑和杀菌消毒，这些是绿茶最为显著的功效，因为绿茶含有较多的茶多酚、氨基酸和维生素。

2. 红茶

红茶是一种全发酵的茶，发酵度为 80%～90%，产生于明朝，是我国生产和出口的主要茶类之一，我国红茶生产占茶叶总量的四分之一左右，出口量约占全国茶叶出口总量的一半以上，是目前世界上饮用量最大、饮用人数及地区最广的茶类。

基本特征：红茶基本特点为“红汤红叶”，分为红碎茶、小种红茶和工夫红茶，工夫红茶滋味要求醇厚带甜，汤色红浓明亮，果香浓郁，发酵较为充分；而红碎茶要求汤味浓、强、鲜，发酵程度略轻，汤色橙红明亮，香气略清；而小种红茶是采用小叶种茶树鲜叶制成的红茶，加以炭火烘烤，如武夷山的正山小种，具有桂圆味，松烟香。

加工工艺：鲜叶—萎凋—揉捻—发酵—干燥，其中萎凋和发酵是红茶制茶过程中最为关键的两个步骤。

典型代表：正山小种、烟小种、祁红(安徽祁门)、滇红(云南)、川红(四川宜宾)、英红(广东英德)。

冲泡方法:红茶分为清饮和调饮,若为清饮,宜采用盖碗冲泡,用量约为 3～5 克,细嫩红茶水温约 80 ℃左右,浸泡时间约为 6 秒～10 秒,汤色不易太深,否则过浓;芽叶舒展的红茶水温 80 ℃～90 ℃,浸泡时间 10 秒左右。红茶调饮可加奶做成奶茶,加柠檬做成柠檬红茶,加冰做成冰红茶等,先把茶叶冲泡好,再加入配料及糖混合,牛奶和茶汤的比例,具体用量根据个人口味而定。调饮使用的工具可以多样化,调奶茶采用欧式白瓷口杯别有一番异国风味。

保健功效:暖胃,降低心脑血管疾病概率,如心脏病,心肌梗死等,还可抗衰老,护肤美容。

3. 青茶

青茶又称乌龙茶,属于半发酵茶,发酵度为 30%～60%,产生于清朝,是独具鲜明特色的茶叶品类。青茶加工工艺精细,综合了红、绿茶初制的工艺特点,成品茶叶品质兼具红茶的甜醇和绿茶的清香。福建、广东、台湾、香港、澳门是主要的销售市场。近年来国际贸易逐步扩大,青茶外销 30 多个国家和地区,有美国、日本、加拿大、德国、英国等。

基本特征:青茶又叫乌龙茶,属半发酵茶。总体上,按工艺划分为浓香型和清香型,也即传统工艺和现代工艺之分,但具体的花色品类之间仍然有较大的差异。按其品质特征和产地,青茶又可分为四大派别:闽北乌龙,以武夷岩茶为代表;闽南乌龙,其代表为铁观音;广东乌龙,代表类型是单枞;台湾乌龙,其代表为包种。传统工艺讲究金黄靓汤,绿叶红镶边,三红七绿发酵程度,总体风格香醇浓滑且耐冲泡。而新工艺讲究清新自然,形色翠绿,高香悠长,鲜爽甘厚,但不耐冲泡,如铁观音。闽北的武夷岩茶和其他各类青茶相比,有较大的差异,主要是岩茶后期的碳焙程度较重,色泽乌润,汤色红橙明亮,有较重的火香或者焦炭味,口味较重,但花香浓郁,回甘持久,如大红袍,在火味中透着纯天然的花香,十分难得。青茶的香型较多,一般为花香、果香。铁观音的特点是兰花香馥郁,滋味醇滑回甘,观音韵明显;单枞的特点是香高味浓,非常耐冲泡,回甘持久;台湾乌龙口感醇爽,花香浓郁,清新自然。

加工工艺:鲜叶—晒青—晾青—做青—杀青—揉捻—包揉做型—干燥—精制。

典型代表:茗皇茶、大红袍、水仙、肉桂、铁观音、单枞、台湾高山乌龙、冻顶乌龙等。

冲泡方法:乌龙茶的冲泡方法要求使用盖碗或者紫砂壶冲泡,水温为沸腾的 100 度,因为只有这样才能是茶叶中芳香物质溶解于水中,可以充分激发茶叶的香气逸出。投茶量约为茶具容积的三分之一(铁观音、乌龙)至三分之二(单枞),冲泡时间根据具体的茶而定,一般为 8～15 秒。

保健功效:较为突出的功效为减肥、美容、降血脂、降血压。

4. 白茶

白茶属轻度发酵的茶,发酵度为 20%～30%,是我国的特产茶类,产生于清朝。白茶的传统加工工艺比较特别,不炒不揉,成茶满披白毫,呈白色,第一泡茶汤清淡如水,故称白茶。白茶按茶树品种分类,用大白茶加工的称“大白”,用水仙品种加工的成为“水仙白”,用群体品种加工的称“小白”。人们常用的白茶名称是按照鲜叶的嫩度不同制成的成茶来分类而得,纯用大白茶或水仙品种的肥芽制成的称“银针”,以大白茶品种的一芽二叶初展嫩梢制成的称为“白牡丹”,以茶嫩梢一芽二三叶制成的称“贡眉”,制银针时剥下的单片叶制成的称为“寿眉”。近几年,白茶除传统产区外,云南用大叶种茶加工的月光白因内含物质丰富,茶汤醇厚香甜,耐冲泡,受到市场追捧。比起其他茶类,白茶产区小、产量小。

基本特征:白茶外形毫心肥壮,叶张肥嫩,叶态自然伸展,叶缘垂卷,芽叶连枝,毫心银白,叶色灰绿或者铁青色,内质汤色黄亮明净,毫香显著,滋味鲜醇,叶底嫩匀,要求鲜叶“三白”,即嫩芽及两片嫩叶满披白色茸毛。

加工工艺:白茶的工艺较为简单,室内自然萎凋、复式萎凋或者加温萎凋,干燥有烘干、晒干。鲜叶—萎凋—烘焙(阴干)—挑剔—复火。

典型代表:白毫银针、白牡丹、贡眉,月光白,主要产地是福建的福鼎、政和、松溪和建阳,还有云南省等。

冲泡方法:水温 80 ℃~85 ℃,冲泡时间视具体茶量和茶具容积而定,一般冲泡银针适宜采用清澈透明的玻璃杯,用量约为玻璃杯容积的八分之一,采用上投法,约浸泡 5 分钟左右即可饮用,饮到一半加水;用盖碗冲泡则投三分之一的茶量,先把开水倒进茶海降温,待降到沸水温(80 ℃~85 ℃)再用来冲泡,时间控制约为 10 秒~15 秒。白茶还可以用冷水冲泡,但须增加浸泡时间,可能长达几个小时。

保健功效:白茶含丰富的氨基酸,其性寒凉,具有退热,消暑和解毒的功效,此外,能使人心情平静、消除烦恼,主要是由于较多茶氨酸成分的作用。

5. 黄茶

黄茶是微发酵的茶,发酵度为 10%~20%,产生于明朝,是我国特有的茶类。是目前我国产量最低、消费人数最少的茶类。黄茶的制作技术要求鲜叶嫩度和大小一致,不同的黄茶,造型和香气各有特点

基本特征:黄茶也是轻发酵茶,与绿茶相比,黄茶在干燥前或后增加了一道“黄茶闷黄”的工序,因此黄茶香气变纯,滋味变醇。黄茶的基本特点为“黄汤黄叶”,汤色黄亮,香气清悦,滋味醇厚回甘。又分为黄芽茶、黄小茶和黄大茶。

加工工艺:鲜叶—杀青—揉捻—闷黄—干燥。

典型代表:君山银针、霍山黄芽。

冲泡方法:君山银针使用玻璃杯冲泡,采用上投法或者下投杯壁下注法,冲泡时间约为 6~7 分钟,水温 90 ℃左右,茶量为杯体的八分之一。

保健功效:消食化腻,抗癌抗辐射,性凉,可清热解毒。

6. 黑茶

黑茶属后发酵的茶,其发酵度为 100%,是我国特有的茶类。

基本特征:黑茶是一种后发酵的茶叶,其发酵过程中有大量微生物的形成和参与,黑茶香味变得更加醇和,汤色橙黄、橙红或褐红,干茶和叶底色泽都较暗褐。外形分为散茶和紧压茶等,有饼、砖、沱和条,香型各异。黑茶中的六堡茶有松木烟味和槟榔味,汤色深红透亮,滋味醇厚回甘。

加工工艺:鲜叶—杀青—揉捻—晒干—渥堆—晾干—精制。

典型代表:湖南黑毛茶、湖北老青茶、广西六堡茶、云南普洱茶和四川边茶。

冲泡方法:用盖碗或者紫砂壶冲泡,水温 100 ℃,沸腾,茶量约为壶体的四分之一至三分之一,洗茶 2 遍至 3 遍,冲泡时间约为 10～15 秒,汤色要求深红或者褐红透亮,不易过黑,此外年份久远的陈茶建议洗茶 3 遍以上。

保健功效:补充膳食营养,主要是维生素;助消化,解油腻,顺肠胃;防治“三高”疾病,即高血脂、高血压和高血糖;还能降血糖,防治糖尿病。

任务三　再加工类茶

1. 花茶

花茶是用茶叶和香花进行拼配窨制,使茶叶吸收花香而制成的香茶,亦称熏花茶。窨制花茶的香花有茉莉花、玫瑰花、珠兰花、米兰花、代代花、柚子花、白兰花、桂花、栀子花、金银花等,花茶的茶坯,主要用烘青绿茶。而近年来,也用细嫩绿茶如毛峰、毛尖、银毫、大方等做茶坯,好花配好茶,花茶质量更上档次。花茶的花香浓郁程度取决于下花量和窨制次数,下花量大、窨制次数多,花香更浓郁。著名花茶的产地有福州、苏州、金华、桂林、广州、重庆、成都、台北等地。当今全国产茉莉花最大的县是广西横县,其茉莉花面积有 10 万亩。全国多数茶商在那里加工茉莉花茶。而花茶主销区是华北、东北、山东、四川等省区。

2. 紧压茶

各种散茶经再加工蒸压成一定形状的茶叶称为紧压茶或压制茶。根据原料茶类的不同可分为绿茶紧压茶、红茶紧压茶、乌龙茶紧压茶和黑茶紧压茶等 4 种,如绿茶紧压茶有云南大理的沱茶、普洱方茶、竹筒茶及广西的粑粑茶等:红茶紧压茶有湖北的米砖茶,小京砖等;乌龙茶紧压茶有福建的水仙饼茶:黑茶紧压茶主要有湖南的湘尖、黑砖、花砖、茯砖、湖北的老青砖、四川的康砖、金尖、方包茶、云南的紧茶、圆茶、饼茶以及广西的六堡茶等。

3. 萃取茶

萃取茶是以成品茶或半成品茶为原料,用热水萃取茶叶中的可溶物,过滤弃去茶渣,获得的茶汁经浓缩或不浓缩制成的液态茶或浓缩后经干燥制成的固态茶。而今采用超临界二氧化碳(CO_2)萃取技术,分离茶叶中有效成分,如茶多酚的主要产品,用于罐装的茶饮料、浓缩茶及速溶茶等。

4. 果味香茶

果味香茶以茶叶半成品或成品加入香料或果汁后制成。这类茶叶既有茶味,又有香味或果味,适应现代市场的需求。主要的香味茶有丁香茶、薄荷茶、香兰茶等;果味茶有荔枝红茶、柠檬红茶、猕猴桃茶、橘汁茶、椰汁茶、山楂茶、草莓茶、苹果茶、桂圆茶等。

5. 药用茶或功能性茶食品

用茶叶或茶叶中含有硒、锌等微量元素和某些中草药与食品拼和调配后制成的各种保健茶,使本来就有营养保健作用的茶叶强化了它的某些防病治病的功效。保健茶的种类繁多，功效也各不相同。由于保健茶饮用方便，又能达到保健的目的，所以很受消费者青睐。

6. 含茶饮料

将茶汁融化在饮料中可以制成各种各样的含茶饮料，诸如茶可乐、茶汽水、茶露、茶乐、多味茶、绿茶冰激凌、茶冰棒、茶香槟、茶酒。

【知识拓展】

高山云雾出好茶的缘故

【项目回顾】

通过本项目的学习，使学习者了解茶叶的分类方法及学习茶叶理论知识的重要性，掌握六大茶类的品质和特性，认识主要茶类中的代表茶。

【技能训练】

1. 教师在实训室展示不同品种的茶叶，学习者识别六大茶类。

2. 选择几家有代表性的茶叶商店进行参观考察，熟悉各种茶叶种类及各类茶的品质特征。

【自我测试】

1. 选择题

(1) 世界上有哪三大无酒精饮料?(　　)。

A. 咖啡　　B. 牛奶　　C. 果汁

D. 可可　　E. 茶　　F. 汽水

(2) 下列属于广东乌龙的是(　　)。

A. 水金龟　　B. 奇兰　　C. 凤凰单枞

D. 凤凰水仙　　E. 岭头单枞　　F. 本山

2. 简答题

(1) 如何将茶叶进行分类?

(2) 根据茶叶的制作工艺可以将茶叶分为哪几类?

(3) 什么是在再加工茶类?

3. 判断题

(1) 再加工茶类是在基本茶类的基础上进一步加工而发生了本质变化形成的茶类。(　　)

(2) 绞股蓝茶、菊花茶、八宝茶等被称为保健茶。(　　)

(3) 茶叶可以根据形状来分类,如散茶、条茶、碎茶、正茶、圆茶副茶等。(　　)

(4) 乌龙茶属于全发酵茶,加工工艺是萎凋—揉捻—渥堆—干燥。(　　)

项目三　茶要素

学习目标

- 掌握现代常用茶具的功能、茶具的选配要求与方法。
- 了解水质对茶的重要性以及泡茶用水的选择和标准。
- 掌握泡茶四要素，能够根据不同茶类泡好一壶茶。

项目导读

器为茶之父。茶具是中国茶文化中不可分割的重要组成部分。中国茶具种类繁多、造型优美，兼具实用和鉴赏价值，为历代饮茶爱好者所青睐。珍贵的茶品和精美的茶具相配，给茶艺本身增添了无穷魅力，正所谓“茶因器美而生韵，器因茶珍而增彩”。茶具的选配和使用技艺也是茶艺服务中应掌握的重要技能之一。

水为茶之母。我国历代茶人对取水一事，颇多讲究，有人取“初雪之水”“朝露之水”“清风细雨中的无根水”，你知道是为什么吗？现代社会人人都会喝茶，但冲泡未必得法。茶叶的种类繁多，水质也各有差异，冲泡技术不同，泡出的茶汤就会有不同的效果。

✓音视频资源
✓拓展文本
✓在线互动

任务一　茶具的选配

我国地域辽阔,茶类繁多,又因民族众多、民俗差异,饮茶习惯便各有特点,所用的器具更是异彩纷呈。选择茶具,很多人首先注意的都是器具外观的颜色,也有部分人还会注重器具的质地,其实,除了外观跟质地外,挑选茶具还有很多盲点没被大家注意到,例如茶具的容量,茶具颜色与汤色的搭配等。选购茶具时,还必须考虑茶具的功能、容量、风俗三者统一协调,才能选配出完美的茶具。

一、茶艺器具的名称及用途

依据泡茶时各茶具的使用功能可将其分为主泡器、助泡器、煮水器和储茶器四大类。

(一) 主泡器

1. 茶壶

茶壶为主要的泡茶容器,一般以陶壶为主,此外还有瓷壶、石壶等。上等的茶,强调的是色香味俱全,喉韵甘润且耐泡;而一把好茶壶不仅外观要美雅、质地要匀滑,最重要的是要实用。空有好茶,没有好壶来泡,无法将茶的精华展现出来;空有好壶没有好茶,总叫人有种美中不足的感觉。一个好茶壶应具备之条件如下。

(1) 壶嘴的出水要流畅,不淋滚茶汁,不溅水花。

(2) 壶盖与壶身要密合,水壶口与出水的嘴要在同一水平面上。壶身宜浅不宜深,壶盖宜紧不宜松。

(3) 无泥味、杂味。

(4) 能适应冷热急遽之变化,不渗漏,不易破裂。

(5) 质地能配合所冲泡茶叶之种类,将茶之特色发挥得淋漓尽致。

(6) 方便置入茶叶,容水量足够。

(7) 泡后茶汤能够保温,不会散热太快,能让茶叶成分在短时间内合宜浸出。

2. 茶船

茶船(见图 3-1),用来放置茶壶的容器,茶壶里塞入茶叶,冲入沸开水,倒入茶船后,再由茶壶上方淋沸水以温壶。淋浇的沸水也可以用来洗茶杯。又称茶池或壶承,其常用的功能大致为:盛热水烫杯;盛接壶中溢出的茶水;保温。

图 3－1　茶船

3. 茶海

茶海(见图 3－2)又称茶盅或公道杯。茶壶内之茶汤浸泡至适当浓度后，茶汤倒至茶海，再分倒于各小茶杯内，以求茶汤浓度之均匀。亦可于茶海上覆一滤网，以滤去茶渣、茶末。其大致功用为：盛放泡好之茶汤，再分倒各杯，使各杯茶汤浓度相同和沉淀茶渣。

图 3－2　茶海(公道杯)

3. 茶杯

茶杯的种类、大小应有尽有。喝不同的茶用不同的茶杯。近年来更流行边喝茶边闻茶香的闻香杯。根据茶壶的形状、色泽，选择适当的茶杯，搭配起来也颇具美感。为便于欣赏茶汤颜色及容易清洗，杯子内面最好上白色或浅色的釉。对杯子的要求，最好能做到握、拿舒服，就口舒适，入口顺畅。

4. 盖碗

盖碗(见图 3－3)或称盖杯，也可称三才杯。分为茶碗、碗盖、托碟三部分，置茶6 克于碗内，冲水约 150 mL，加盖 5～6 分钟后饮用。以此法泡茶，通常喝上一泡已足，至多再加冲一次。

图 3-3　盖碗

(二) 助泡器

助泡器是泡茶、饮茶时所需的各种辅助用具,既能增加美感,又能便于操作。

1. 茶巾

茶巾一般为小块正方形棉、麻织物,用于擦洗、抹拭茶具、托垫茶壶等。

2. 奉茶盘

奉茶盘是用以盛放茶杯、茶碗、茶点或其他茶具,奉送至宾客面前的托盘。

3. 茶荷

茶荷是敞口无盖的小容器,用于赏茶、投茶与置茶计量。

4. 茶道六君子(见图 3-4)

茶道六君子主要由茶则、茶匙、茶夹、茶针、茶漏和箸匙筒等六部分组成,用于辅助泡茶操作。

茶则:用来量取茶叶,确保投茶量准确。用它从茶叶罐中取茶入壶或杯,多为竹木制品。

茶匙:又称茶拨,常与茶荷搭配使用,将茶叶拨入茶壶或盖碗等容器中。

茶夹:用来清洁杯具或夹取杯具,或将茶渣自茶壶中夹出。

茶针:由壶嘴伸入流中疏通茶叶阻塞,使之出水流畅的工具。也可以作翻挑盖碗杯盖时使用。

茶漏:圆形小漏斗,当用小茶壶泡茶时,投茶时将其置壶口,使茶叶从中漏进壶中,以防茶叶洒到壶外。

图 3-4　茶道六君子

箸匙筒:插放茶则、茶匙、茶针、茶

夹和茶漏等器具的有底筒状器物。

5. 盖置

盖置是放置茶壶、杯盖的器物，保持盖子清洁，多为紫砂或瓷器制成。

6. 茶滤和茶滤架

茶滤为过滤茶汤碎末用。形似茶漏，中间布有细密的滤网。其主要材质有金属、瓷质、竹木或其他。

茶滤架用于承托茶滤，其材质与茶滤相同，造型各异。

7. 计时器

计时器用以计算泡茶时间的工具，有定时钟和电子秒表。

（三）备水器

1. 煮水器

煮水器由汤壶和茗炉两部分组成。常见的“茗炉”以陶器、金属制架，中间放置酒精灯。茶艺馆及家庭使用最多的是“随手泡”，用电烧水，方便实用。

泡茶的煮水器在古代用风炉，目前较常见者为酒精灯及电壶，此外也有用瓦斯炉、电子开水机、电炉和陶壶。

2. 水方

水方是敞口较大容器，用于贮存清洁的用水。

3. 水盂

水盂是盛放弃水、茶渣以及茶点废弃物的器皿，多用陶瓷制作而成，亦称“滓盂”。

（四）备茶器

备茶器是储存茶叶的罐子，必须无杂味、能密封且不透光，其材料有马口铁、不锈钢、锡合金及陶瓷等。

1. 茶叶罐

茶叶罐又称贮茶罐，贮藏茶叶用，容量一般为 250～500 克。其材质金属、陶瓷均可。

2. 茶瓮

茶瓮是用于大量贮存茶叶的容器。

二、茶具的选配

选配茶具,不仅是一门综合的学问,更是一门综合性的艺术。不但要注意种类、质地、产地、年代、大小、轻重、厚薄,更要注意茶具的形式、花色、颜色、光泽、声音、书法、文字、图画、釉质。成套的茶具应该是具备贮茶、煮茶、沏茶、品茶之功能,并使盏、盖、托等器件完美结合,色、香、味、形俱臻上乘。

(一) 茶具选配基本原则

1. 因地而异

东北、华北一带,喜用较大的瓷壶泡茶,然后斟入瓷盅饮用;江浙一带多用有盖瓷杯或玻璃杯直接泡饮;广东、福建饮乌龙茶,必须用一套特小的瓷质或陶质茶壶、茶盅泡饮,选用"烹茶四宝"——潮汕风炉、玉书煨、孟臣罐、若琛瓯泡茶,以鉴赏茶的韵味;西南一带常用上有茶盖、下有茶托的盖碗饮茶,俗称"盖碗茶";西北甘肃等地,爱饮用"罐罐茶",是用陶质小罐先在火上预热,然后放进茶叶,冲入开水后,再烧开饮用茶汁;西藏、蒙古族等少数民族,多以铜、铝等金属茶壶熬煮茶叶,煮出茶汁后再加入酥油、鲜奶,称"酥油茶"或"奶茶"。

2. 因人而异

古往今来,茶具配置在很大程度上反映了人们的不同地位和身份。如陕西法门寺地宫出土的茶具表明,唐代皇宫选用金银茶具,秘色瓷茶具和琉璃茶具饮茶,而民间多用竹木茶具和瓷器茶具。宋代,相传大文豪苏东坡自己设计了一种提梁紫砂壶,至今仍为茶人推崇。清代慈禧太后对茶具更加挑剔,喜用白玉作杯,黄金作托的茶杯饮茶。这种情形在曹雪芹的《红楼梦》中,就写得更为入微,如栊翠庵尼姑妙玉在庵中待客用茶配具时,就是因对方地位和与客人的亲近程度而异。现代人饮茶,对茶具的要求虽没有如此严格,但也根据各自习惯和文化底蕴,结合自己的目光与欣赏力,选择自己最喜爱的茶具供自己使用。

另外,不同性别、不同年龄、不同职业的人,对茶具要求也不一样。如男性习惯于用较大而素净的壶或杯泡茶;女士爱用小巧精致的壶或杯冲茶。又如老年人讲究茶的韵味,注重茶的香和味,因此,多用茶壶泡茶;年轻人以茶为友,要求茶香清味醇,重在品饮鉴赏,因此多用茶杯冲茶。再如脑力劳动者崇尚雅致的茶壶或茶杯细啜缓饮;而体力劳动者推崇大碗或大杯,大口急饮,重在解渴。

3. 因茶而定

中国民间,向有"老茶壶泡,嫩茶杯冲"之说。老茶用壶冲泡,一是可以保持热量,有利于茶汁的浸出;二是较粗老茶叶,由于缺乏欣赏价值,用杯泡茶,暴露无遗,用来敬客,不太雅观，又有失礼之嫌。而细嫩茶叶，选用杯泡，一目了然，会使人产生一种美感，达到物质享受和精神欣赏双丰收，正所谓“壶添品茗情趣，茶增壶艺价值”。

随着红茶、绿茶、乌龙茶、黄茶、白茶、黑茶等茶类的形成，人们对茶具的种类和色泽，质地和式样，茶具的轻重、厚薄、大小等提出了新的要求。一般来说，为保香可选用有盖的杯、壶或碗泡茶；饮乌龙茶，重在闻香啜味，宜用紫砂茶具泡茶；饮用红碎茶或工夫茶，可用瓷壶或紫砂壶冲泡，然后倒入白瓷杯中饮用；冲泡西湖龙井茶、洞庭碧螺春、君山银针、黄山毛峰、庐山云雾茶等细嫩名优茶，可用玻璃杯直接冲泡，也可用白瓷杯冲泡。

但不论冲泡何种细嫩名优茶，杯子宜小不宜大。大则水量多，热量大，而使茶芽泡熟，茶汤变色，茶芽不能直立，失去姿态，进而产生熟汤味。

此外，冲泡红茶、绿茶、乌龙茶、白茶、黄茶，使用盖碗，也是可取的，只是碗盖的使用，则应依茶而论。

（二）茶具选配基本方法

1. 特别配置

特别配置讲究精美、齐全、高品位和艺术性。一般会根据某种文化创意选配一个茶具组合，件数多、分工细，使用时一般不使用替代物件，力求完备、高雅，甚至件件器物都能引经据典，具有文化内涵。

2. 全配

全配以能够满足各种茶的泡饮需要为目标，只是在器件的精美、质地、艺术等要求上较“特别配置”底些。

3. 常配

常配即一种中等配置原则，以满足日常泡饮需求为目标。用常见茶具进行合理组合搭配，在大多数饮茶家庭和办公接待场合均可使用。

4. 简配

一种是日常生活需求的茶具简配，一种为方便旅行携带的简配。家用、个人用简配一般在“常配”基础上。省去茶海、茶池、略减杯盏等，不求茶品的个性对应，只求方便使用而已。

综上所述，茶具选择要考虑实用、有欣赏价值和有利于茶性的发挥。不同质地的茶具性能也不一样，陶瓷茶具能保温，传热适中，可以较好地保持茶叶的色、香、味、形之美，而且洁白卫生，不污染茶汤。紫砂茶具泡茶既无熟汤味，又可保持茶香持久，但难以对茶汤和茶形起衬托作用。玻璃茶具泡名茶，茶姿汤色历历在目，可增加饮茶情趣，但传热快、不透气、茶香易散失。

至于用搪瓷茶具、塑料茶具、保暖茶具泡茶，都不能充分发挥出茶的特性。而金玉茶具、漆器茶具则因价格昂贵、艺术品价值高而只能作为一种珍品供人们收藏了。

品茶在今天的中国已不仅是满足口腹之欲，而进化为一门艺术，讲究的是名茶配名器，珠联璧合，相得益彰。陶瓷茶具不仅仅要有实用价值，还要有观赏价值，而且由于一大批中国茶人的推崇，使得茶具的文化品位十足，从而成为人们寄托情怀、涤荡心灵的载体。

任务二　择水标准

“水乃茶之母”，水质的好坏直接影响茶汤的质量。自古人们都是把烹茶用水当作专门的学问来研究的。明代张大复在《梅花草堂笔谈·试茶》中讲得更为透彻：“茶性必发于水，八分之茶，遇十分之水，茶亦十分矣；八分之水，试十分之茶，茶只八分耳。”这是古人对茶与水关系的精辟阐述，可见佳茗必须有好水相匹配，方能相得益彰。因而历史上就有“龙井茶，虎跑水”杭州双绝、“蒙顶山上茶，扬子江心水”“浉河中心水，车云顶上茶”之说，在我国茶艺中名泉伴名茶，相互辉映。

一、泡茶用水的标准

陆羽《茶经》说：“其水，用山水上、江水中、井水下。其山水，拣乳泉、石池慢流者上。”宋徽宗赵佶《大观茶论》：“水以清、轻、甘、冽为美。轻甘乃水之自然，独为难得。”历代茶人对于茶品的研究同时也注重研究水品，后人在他提出的“清、轻、甘、冽”的基础上，又增加了“活”，认为“清、轻、甘、冽、活”五项俱佳的水，才称得上宜茶美水。

其一，水质要清。水之清表现为“朗也、静也、澄水貌也”。水清则无杂、无色、透明、无沉淀物，最能现出茶的本色。故清澄明澈之水称为“宜茶灵水”。

其二，水体要轻。轻指含杂质少。明朝末年有论证说：“各种水欲辨美恶，以一器更酌而称之，轻者为上。”清代乾隆皇帝很赏识这一理论，每到一地便用一个银斗称量各地名泉的比重，并按水从轻到重的比重，钦定京师玉泉山的玉泉水为“天下第一泉”。

其三，水味要甘。田艺蘅在《煮泉小品》中写道：“甘，美也；香，芬也。”“泉惟甘香，故能养人。”所谓水甘，即水一入口，舌尖顷刻便会有甜滋滋的美妙感受，咽下去后，喉中也有甜爽的回味，用这样的水泡茶自然会增茶之香味。

其四，水温要冽。冽即冷寒之意。因为寒冽之水多出于地层深处的泉脉之中，所受污染少，泡出的茶汤滋味纯正。

其五，水源要活。“活水”即流动之水，“流水不腐，户枢不蠹”。现代科学证明了在流动的活水中细菌不易繁殖，同时活水有自然净化作用，在活水中氧气和二氧化碳等气体的含量较高，泡出的茶汤特别鲜爽可口。

二、泡茶用水的分类

泡茶用水可分为天水、地水、再加工水三大类。

1. 天水类

天水类包括了雨、雪、霜、露、雹等。天水由于是大气中的水蒸气凝结降落，一般水质较清、含杂质也较少,受历代茶人所推崇,被誉为"天泉",但因季节不同而有很大差异。秋季天高气爽,尘埃较少,雨水清冽,泡茶滋味爽口回甘;梅雨季节和风细雨,有利于微生物滋长,泡茶水质较差;夏季雷阵雨,常伴飞沙走石,水质不净,泡茶茶汤浑浊,不宜饮用。

2. 地水类

地水类包括了泉水、溪水、江水、河水、湖水、池水、井水等。古代人认为地水以"泉水上,江水中,井水下",泉水是最宜泡茶的水,这不仅因为多数泉水都符合"清、轻、甘、冽、活"的标准,还因为泉水以其涓涓的风姿和淙淙的声响引人遐想,可为茶艺平添几分野韵、幽玄、神秘的美感。

井水属地下水,是否适宜泡茶,不可一概而论。一般来说,深层地下水有耐水层的保护,污染少,水质洁净;浅层地下水易被地面污染,水质较差。城市里的井水,受污染多,多咸味,不宜泡茶;而农村井水,受污染少,水质好,适宜泡茶。湖南长沙市内著名的"白沙井"的水是从砂岩中涌出的清泉,水质好,而且终年长流不息,取之泡茶,香味俱佳。

3. 再加工水类

再加工水类是指经过工业净化处理的饮用水,包括自来水、纯净水(含蒸馏水、太空水等)、矿泉水、活性水(含磁化水、矿化水、高氧水、离子水、生态水等)、净化水等五种。

这些水中,纯净水属于软水很适于用来泡茶,净化水一般也适宜泡茶。自来水一般都是经过人工净化、消毒处理过的江河湖水,凡达到国家卫计委制定的饮用水卫生标准的自来水都适宜泡茶。

总之,泡茶用水在茶艺中是一重要项目,它不仅要合于物质之理、自然之理,还包含中国茶人对大自然的热爱和高雅的审美情趣。

三、泡茶用水的选择

泡茶用水的选择应主要考虑水质的普遍性要求,同时需要根据不同茶的特性和人的爱好而有所差异。市场上包装饮用水的水质一般较为稳定、卫生,目前已日益成为人们日常的主要饮用水,可根据所泡茶类和人群特点进行具体筛选。

1. 纯净水、蒸馏水

纯净水、蒸馏水能体现茶的原有风味,适合水知识了解不多或愿意感受茶叶原有风味的人,适合用于冲泡各类茶。

2. 低矿化度天然泉水

低矿化度天然泉水(总离子量<100 mg/L),可以适当放大或修饰茶汤,不同水质

类型影响不同，适合对于水知识了解较多、对茶叶风味要求较高的人，进行针对性筛选，基本适合冲泡各类茶。

3. 高矿化度天然泉水或天然矿泉水

高矿化度天然泉水或天然矿泉水（总离子量≥200 mg/L），可以较大地修饰和改变茶汤风格，对风味的影响较大，适合对茶叶刺激性敏感的人或暂时无法拿到更合适水的人，一般只适用于普洱茶、黑茶等基于醇和风格的茶叶。

四、泡茶用水预处理

1. 天然水源水

符合“三低”特征、洁净的泉水和江河湖水、井水等天然水源水，经过适当地静置处理（一般一昼夜以上）即可直接使用；达到生活饮用水安全卫生要求但感官品质不够好的水源水，可以借鉴古代茶书载录的一些方法进行处理，如采用沙石过滤和木炭吸附等“洗水”方法去除水中的细小颗粒物和杂质异味，还可以将取来的水倒入瓷缸中“养水”，以提高水质；对于矿化度和硬度较高的天然水源水，经过粗滤、活性炭和反渗透膜等多道膜处理，去除颗粒物、异味，使硬水变为软水后使用会更好。

2. 自来水

自来水中常会残留一定含量的游离余氯，普遍带有漂白粉的氯气气味，因此自来水直接泡茶对茶汤风味影响极大。优质水源的自来水一般可以直接使用，但绝大多数城市自来水由于消毒剂的使用量较高，泡茶前需要处理。

处理方式可以使用卫生容器“养水”处理，即将自来水在陶瓷缸等卫生容器中放置一昼夜，让氯气挥发殆尽，改善水质；也可以采用家庭自来水处理系统，即安装由高分子纤维、活性炭、RO膜等构成的家庭多层膜处理设备对水进行系统处理，去除杂质、异色、异味和无机离子后使用。

3. 包装饮用水

包装饮用水，特别是矿化度较低的蒸馏水、纯净水、天然泉水等一般都符合卫生指标，可以直接使用。

五、泡茶用水的使用

在中国，传统茶叶消费一般都采用热水冲泡。由于不同水的品质特性存在较大差异，需要根据水质类型采取不同的加热处理方法。

1. 高矿化度、高硬度的自来水及天然矿泉水或天然泉水

多数自来水含有较多的消毒剂异味，且矿化度、硬度较高。笔者研究发现，水加热沸腾处理不仅可以去除异味，还可以降低暂时硬度和矿化度，明显改善水质。因此，高矿化度、高硬度的自来水(包括天然矿泉水或天然泉水)加热煮沸一段时间后使用效果更好。

2. 低矿化度的天然(泉)水

研究还发现，加热可以改善高矿化度、高硬度自来水的品质，但同时天然水的感官品质也呈现明显的热敏现象。经加热煮沸一段时间后，水体出现碱化，总体口感滋味钝化、滞重，舒爽度下降，这种水质变化也会对冲泡茶汤风味品质有直接的影响。采用85 ℃水温冲泡龙井茶时，经煮沸处理的天然(泉)水冲泡的茶汤较未煮沸处理的对照茶汤鲜味下降，苦涩味上升，茶香的纯正度下降(见图 3－5)。

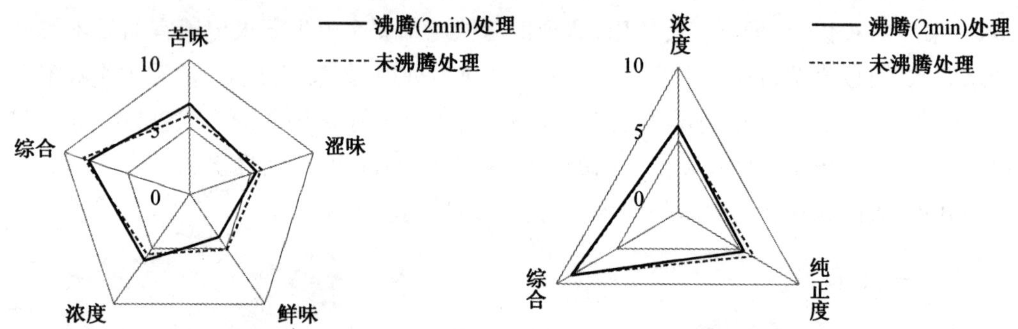

图 3－5　天然(泉)水沸腾处理对茶汤滋味以及香气的影响

因此，对于卫生达到标准的天然包装饮用水而言，加热到适合温度即可冲泡使用。如冲泡绿茶将水加热到 80 ℃～85 ℃即可。

另外，泡茶用水应避免反复煮沸，最好能使用较为新鲜的水。

任务三　泡茶要素

茶叶中的化学成分是组成茶叶色、香、味的物质基础，其中多数能在冲泡过程中溶解于水，从而形成了茶汤的色泽、香气和滋味。泡茶时，应根据不同茶类的特点，调整水的温度、浸润时间和茶叶的用量，从而使茶的香味、色泽、滋味得以充分地发挥。综合起来，泡好一壶茶主要有四大要素：第一是茶叶用量，第二是泡茶水温，第三是冲泡时间，第四是冲泡次数。

一、茶叶用量

茶叶用量就是每杯或每壶中放适当分量的茶叶。泡好一杯茶或一壶茶，首先要掌握茶叶用量。每次茶叶用多少，并没有统一标准，主要根据茶叶种类、茶具大小以及消费者的饮用习惯而定。根据研究，茶水比为 1∶7、1∶18、1∶35 和 1∶70 时，水浸出物分别是干茶的 23%、28%、31%和 34%，说明在水温和冲泡时间一定的前提下，茶水比越小，水浸出物的绝对量就越大。另外，茶水比过小，茶叶内含物被溶出茶汤的量虽然较大，但由于用水量大，茶汤浓度会显得很低，茶味淡，香气薄。相反，茶水比过大，由于用水量小，茶汤浓度过高，滋味苦涩，而且不能充分利用茶叶的有效成分。试验表明，不同茶类、不同泡法，由于香味成分含量及其溶出比例不同以及饮茶习惯不同，对香、味程度要求各异，对茶水比的要求也不同。

一般认为，冲泡红、绿茶及花茶，茶水比可掌握在 1∶50～1∶60 为宜。若用玻璃杯或瓷杯冲泡，每杯约放 3 克茶叶，注入 150～200 毫升沸水。品饮铁观音等乌龙茶时，因习惯浓饮，注重品味和闻香，故要汤少味浓，用茶量以茶叶与茶壶比例来确定，投茶量大致是茶壶容积的 1/3～1/2。广东潮汕地区，投茶量达到茶壶容积的 1/2～2/3。紧压茶，如金尖、康砖、茯砖和方苞茶等，因茶原料比较粗老，用煮渍法才能充分提取出茶叶香、味成分；而原料较为细嫩的饼茶则可采用冲泡法。用煮渍法时，茶水比可用 1∶80，用冲泡法则茶水比略大，约为 1∶50。品饮普洱茶，如用冲泡法，茶水比一般用 1∶30～1∶40，即 5～10 克茶叶加 150～200 毫升水。茶、水的用量还与饮茶者的年龄、性别有关。一般来说，中老年人比年轻人饮茶要浓，男性比女性饮茶要浓。如果饮茶者是老茶客或是体力劳动者，一般可以适量加大茶量；如果饮茶者是新茶客或是脑力劳动者，可以适量少放一些茶叶。但通常茶不可泡得太浓，因为浓茶有损胃气，对脾胃虚寒者更甚，茶叶中含有鞣酸，太浓太多，可能会损伤消化黏膜，引起便秘和牙黄；同时，太浓的茶汤不易使人体会出茶香嫩的味道。古人谓饮茶“宁淡勿浓”是有一定道理的。

二、冲泡水温

古人对泡茶水温十分讲究。宋代蔡襄在《茶录》中说:“候汤(即指烧开水煮茶——笔者注)最难,未熟则沫浮,过熟则茶沉。前世谓之蟹眼者,过熟汤也。沉瓶中煮之不可辨,故日候汤最难。”明代许次纾在《茶疏》中说得更为具体:“水一入铫,便须急煮。候有松声,即去盖,以消息其老嫩。蟹眼之后,水有微涛,是为当时;大涛鼎沸,旋至无声,是为过时;过则汤老而香散,决不堪用。”以上说明,泡茶烧水,要大火急沸,不要文火慢煮。以刚煮沸起泡为宜,用这样的水泡茶,茶汤香味皆佳。如水沸腾过久,即古人所称的“水老”。此时溶于水中的二氧化碳挥发殆尽,泡茶鲜爽味便大为逊色。未沸滚的水,古人称为“水嫩”,也不适宜泡茶,因水温低,茶中有效成分不易泡出,使香味低淡,而且茶浮水面,饮用不便。据测定,用 60 ℃的开水冲泡茶叶,与等量 100 ℃的水冲泡茶叶相比,在时间和用茶量相同的情况下,茶汤中的茶汁浸出物含量,前者只有后者的 45%~65%。这就是说,冲泡茶的水温高,茶汁就容易浸出,茶汤的滋味也就愈浓;冲泡茶的水温低,茶汁浸出速度慢,茶汤的滋味也相对愈淡。“冷水泡茶慢慢浓”说的就是这个意思。

泡茶水温的高低,与茶的老嫩、松紧、大小有关。大致说来,茶叶原料粗老、紧实、整叶的,要比茶叶原料细嫩、松散、碎叶的,茶汁浸出要慢得多,所以冲泡水温要高。当然,水温的高低,还与冲泡的茶叶品种有关。

具体说来,高级细嫩名茶,特别是名优高档的绿茶,冲泡时水温应为 80 ℃左右。只有这样泡出来的茶汤清澈不浑,香气醇正而不钝,滋味鲜爽而不熟,叶底明亮而不暗,使人饮之可口,视之动情。如果水温过高,汤色就会变黄;茶芽因“泡熟”而不能直立,失去欣赏性;维生素遭到大量破坏,降低营养价值;咖啡因、茶多酚很快浸出,又使茶汤产生苦涩味,这就是茶人常说的把茶“烫熟”了。反之,如果水温过低,则渗透性较低,往往使茶叶浮在表面,茶中的有效成分难以浸出,结果茶味淡薄,同样会降低饮茶的功效。冲泡乌龙茶、普洱茶等特种茶,由于原料并不细嫩,加之用茶量较大,所以须用刚沸腾的 100 ℃开水冲泡。特别是乌龙茶为了保持和提高水温,要在冲泡前用滚开水烫热茶具;冲泡后用滚开水淋壶加温;目的是增加温度,使茶香充分发挥出来。至于边疆地区民族喝的紧压茶,要先将茶捣碎成小块,再放入壶或锅内煎煮后,才供人们饮用。

判断水的温度可先用温度计和计时器测量,等掌握之后就可凭经验来断定了。当然,所有的泡茶用水都得煮开,以自然降温的方式来达到控温的效果。

三、冲泡时间

茶叶冲泡时间差异很大,与茶叶种类、泡茶水温、用茶数量和饮茶习惯等都有关。茶叶的冲泡时间长短,对茶叶内含的有效成分的利用也有很大影响。据测定,用沸水泡茶，首先浸泡出来的是咖啡因、维生素、氨基酸等；大约到3分钟时，浸出物浓度最佳，这时饮起来，茶汤有鲜爽醇和之感，但缺少饮茶者需要的刺激感；之后随着时间的延续，茶多酚浸出物含量逐渐增加。

泡饮普通红、绿茶，经冲泡3～4分钟后饮用，获得的味感最佳。时间少则缺少茶汤应有的刺激味；时间长，喝起来鲜爽味减弱，苦涩味增加；只有当茶叶中的维生素、氨基酸、咖啡因等有效物质被沸水冲泡后溶解出来，茶汤喝起来才能有鲜爽醇和的感觉。

对于注重香气的乌龙茶、花茶，泡茶时为了不使茶香散失，不但需要加盖，而且冲泡时间不宜过长。由于泡乌龙茶时用茶量较大，因此第一泡较短浸泡时间就可将茶汤倾入杯中，自第二泡开始，每次比前一泡增加15秒左右，这样泡出的茶汤比较均匀。

白茶由于加工时未经揉捻，细胞未遭破碎，所以茶汁很难浸出，因此浸泡时间须一般在4～5分钟后，浮在水面的茶叶才开始徐徐下沉，这时品茶者可以欣赏为主，观茶形、察沉浮，从不同的茶姿、颜色中使自己的身心得到愉悦，一般到十分钟后方可品饮茶汤；否则不仅失去了品茶艺术的享受，而且饮起来淡而无味。

另外，冲泡时间还与茶叶老嫩和茶的形态有关。一般说来，凡原料较细嫩，茶叶松散的，冲泡时间可相对缩短；相反，原料较粗老，茶叶紧实的，冲泡时间可相对延长。

四、冲泡次数

通常茶叶冲泡第一次，可溶性物质浸出55%左右，第二次为30%，第三次为10%，第四次就只有1%～3%了。茶叶中的营养成分，如维生素C、氨基酸、茶多酚、咖啡因等，第一次冲泡时已浸出80%左右，第二次已浸出95%，第三次就所剩无几了。香气滋味也是头泡香味鲜爽，二泡茶浓而不鲜，三泡茶香渐淡，四泡少滋味，五六泡则近似白开水了。所以茶叶还是以冲泡三次为宜，如饮用颗粒细小、揉捻充分的红碎茶和绿碎茶，由于这类茶的成分很容易被沸水浸出，一般都是冲泡一次就将茶渣滤去，不再重泡；速溶茶，也是采用一次冲泡法；工夫红茶则可冲泡2～3次；而条形绿茶如眉茶、花茶通常只能冲泡2～3次；白茶和黄茶一般也只能冲泡1～2次。品饮乌龙茶多用小型紫砂壶，在用茶量较多时（约半壶）的情况下，可连续冲泡4～6次，甚至更多。

其实任何品种的茶叶都不宜浸泡过久或冲泡次数过多，最好是即泡即饮，否则有益成分被氧化，不但减低营养价值，还会泡出有害物质。

【知识拓展】

日本茶道茶具小知识

【项目回顾】

通过本项目的学习,学习者可以了解茶具的起源与发展概况,掌握茶具的类型,学会根据所学知识对茶具进行简单搭配与评价。

【技能训练】

回忆生活中使用的泡茶器具;教师展示实训室现有的茶具与茶叶,将学习者分成小组,将不同类型的茶具分散后再进行与茶叶配茶具的科学搭配,最后让学习者观察并用文字记录下所学习到的知识,教师点评。

【自我测试】

1. 选择题

(1) 茶具一词最早出现在?(　　)。

A. 商代　　B. 周朝　　C. 春秋时期
D. 汉代　　E. 宋代　　F. 清代

(2) 茶具可以分为哪几类?(　　)。

A. 陶土茶具　　B. 紫砂茶具　　C. 瓷器茶具
D. 漆器茶具　　E. 竹木茶具　　F. 玻璃茶具

(3) 陆羽《茶经》指出:其水(　　)。

A. 江水上,山水中,河水下　　B. 山水上,河水中,江水下

C. 山水上,江水中,井水下　　D. 泉水上,溪水中,河水下

(4)“茶性必发于水,八分之茶,遇十分之水,茶亦十分矣;八分之水,试十分之茶,茶只有八分耳”,上面这句话出自(　　)。

A. 许次纾在《茶疏》　　B. 张源在《茶录》

C. 张大复在《梅花草堂笔谈》　　D. 张又新《煎茶水记》

(5) 下列不属于泡茶用水的处理方法的是(　　)。

A. 过滤法　　B. 消毒法　　C. 澄清法　　D. 煮沸法

(6) 下列不属于泡茶要素的是(　　)。

A. 茶叶用量　　B. 泡茶水温　　C. 茶叶种类　　D. 冲泡时间

2. 简答题

(1) 茶具的发展经历了哪些主要的历史朝代?

(2) 瓷器茶具有哪些分类,分类中有哪些代表派?

(3) 选配茶具时,要注重哪些方面?

3. 判断题

(1)“茶具”一词最早出现在西汉时期。(　　)

(2) 陶器中最为突出的是紫砂茶具。(　　)

(3) 生活中常使用的一次性纸杯不属于茶具。(　　)

(4) 长沙马王堆汉墓中出现了漆器茶具。(　　)

(5) 用含铁离子较多的水泡茶,茶汤表面易起“锈油”。(　　)

(6) 雨水和雪是比较纯净的,历来被用来煮茶,特别是雪水。(　　)

(7) 每公升水中钙、镁离子的含量大于 8 毫克时称为硬水。(　　)

(8) 用雨水泡茶,一年之中以秋雨为好。(　　)

4. 思考题

如何科学使用不同类型的茶具冲泡不同类型的茶叶?

项目四　茶之礼

学习目标

- 了解茶艺礼仪的概念。
- 掌握茶艺操作中的寓意礼。
- 掌握茶艺师日常仪态要求。

项目导读

茶艺是一种以茶为媒的生活礼仪，也被认为是修身养性的一种方式，它通过沏茶、赏茶、闻茶、饮茶，增进友谊，美心修德，学习礼法，是很有益的一种和美仪式。喝茶能静心、静神，有助于陶冶情操、去除杂念，这与提倡“清静、恬澹”的东方哲学思想很合拍。通过品茶活动来表现一定的礼节、人品、意境、美学观点和精神思想的一种饮茶艺术。它是茶艺与精神的结合，并通过茶艺表现精神。

✓音视频资源
✓拓展文本
✓在线互动

任务一　茶　礼

一、茶艺礼仪的概念

所谓茶艺礼仪，就是一种以茶为媒的人们借茶事活动在一起共同修身养性的生活礼仪；茶礼是一种在饮茶的特定环境下，相关人员约定俗成（或大宗师的倡导下形成）的行为模式，它是在人们的'趋同'意识下形成的；茶礼是当事人通过参与有秩序的置器、控制水火、沏茶、品饮茶汤，互增情谊、交流学习及增进社会意识的行为模式及其方法论。

茶礼是茶道不可分割的部分。在茶道中，茶礼是与茶艺联系最为紧密的部分之一。茶礼的载体是茶事活动的全体人员，也就是说"茶礼的中心是人"茶礼的目的是以茶为媒、以茶事为契机，沟通思想、交流感情；与茶礼紧密相连的茶艺，它的中心是"茶（从干茶到茶汤到焕发为茶人的茶情等）"，它的首要目的是养身，要求治茶人对茶理的通晓。至于茶情，它的产生则依赖于饮者们各自的艺术修养。

现代茶道要解决的问题有两点，一个是提供科学养身的饮茶方法，另一个是提供人格修炼的方法。也就是茶道是能够促进人类高质量地"物质生存"和"精神生存"的方法论。简言之，茶道体系中就是一个中心两个基本点，养身与修身。从现代人类学的认识来看，茶礼与茶理就是分别解决饮茶人群（人类的一部分）两种需求的方法。茶礼解决精神需要，茶理解决肉体需要。显而易见，茶文化学者陈香白是认识到茶礼是解决人们精神需要的作用的茶道义理。

茶礼作为一种日常生活礼仪，它也是社会礼仪的一部分，因此，它具有一定的稳定社会秩序、协调人际关系的功能。它来源于中国几千年的"尊老敬上"和"和为贵"的文化思想，是人类在漫长的饮茶历史中积淀下来的表达情感的惯用形式。

"茶礼"在于茶事活动，是把茶道精神形式化、规范化、制度化。作为制度与规范，它是茶事引导和茶道思想体现的方法之一，是维护茶事相关人员之间交流沟通的各种礼节仪式的总和。作为茶事的制度与规范，它是需要茶事活动全体人员共同实施、维护的。

作为社会之礼，可以维护社会秩序；作为茶事之礼，可以维护茶事相关人的情谊秩序。茶礼是什么？茶礼是人伦之礼；茶道是人伦之道。茶道人道，茶道仁道。人通茶理为要道；人通茶礼是要道。'茶礼'是通向幸福的桥！

茶艺是茶文化的精粹和典型的物化形式。作为茶艺人员，应该具有较高的文化修养，得体的行为举止，熟悉和掌握茶文化知识以及泡茶技能，做到神、情、技动人。也就是说，无论在外形、举止乃至气质上，都有更高的要求。

茶与艺术结合后的基本特征是：人们通过茶的科学泡饮来追求艺术的审美感受。既要通过以茶为灵魂的静态艺术物象要素以营造美的氛围，又要通过直接为实现茶的最佳质态为目标的艺术肢体语汇加以传递。

二、茶礼节

在茶艺活动中,注重礼节,互致礼貌,表示友好与尊重,能体现良好的道德修养,也能感受茶艺活动带来的愉悦心情。下面就茶艺活动中常见的几种礼节进行简要介绍。

(一) 鞠躬礼

鞠躬礼源自中国,指弯曲身体向尊贵者表示敬重之意,代表行礼者的谦恭态度.

1. 站式鞠躬

(1) “真礼”站式鞠躬

“真礼”站式鞠躬以站姿为预备,然后将相搭的两手渐渐分开,贴着两大腿下滑,手指尖触至膝盖上沿为止,同时上半身由腰部起倾斜,头、背与腿呈近 90°的弓形(切忌只低头不弯腰,或只弯腰不低头),略做停顿,表示对对方真诚的敬意,然后,慢慢直起上身,表示对对方连绵不断的敬意,同时手沿脚上提,恢复原来的站姿。鞠躬要与呼吸相配合,弯腰下倾时作吐气,身直起时作吸气,使人体背中线的督脉和脑中线的任脉进行小周天的气循环。行礼时的速度要尽量与别人保持一致,以免尴尬。

(2) “行礼”站式鞠躬

“行礼”要领与“真礼”同,仅双手至大腿中部即行,头、背与腿约呈 120°的弓形。

若主人是站立式,而客人是坐在椅(凳)上的,则客人用坐式答礼。“真礼”以坐姿为准备,行礼时,将两手沿大腿前移至膝盖,腰部顺势前倾,低头,但头、颈与背部呈平弧形,稍做停顿,慢慢将上身直起,恢复坐姿。“行礼”时将两手沿大腿移至中部,余同“真礼”。

(3) “草礼”站式鞠躬

“草礼”只需将身体向前稍做倾斜,两手搭在大腿根部即可,头、背与腿约呈 150°的弓形,余同“真礼”。

2. 坐式鞠躬

坐式鞠躬以坐姿为准备,弯腰后恢复坐姿,其他要求同站式鞠躬.若主人是站立式,而客人是坐在椅(凳)上的,则客人用坐式鞠躬答礼。

3. 跪式鞠躬

(1) “真礼”跪式鞠躬

“真礼”跪式鞠躬以跪坐姿为预备,背、颈部保持平直,上半身向前倾斜,同时双手从膝上渐渐滑下,全手掌着地,两手指尖斜相对,身体倾至胸部与膝间只剩一个拳头的空档(切忌只低头不弯腰或只弯腰不低头),身体约呈 45°前倾,稍做停顿,慢慢直起上身。同样行礼时动作要与呼吸相配,弯腰时吐气,直身时吸气,速度与他人保持一致。

(2)“行礼”跪式鞠躬

“行礼”方法与“真礼”相似,但两手仅前半掌着地(第二手指关节以上着地即可),身体约呈55°前倾。

(3)“草礼”跪式鞠躬

行“草礼”跪式鞠躬时仅两手手指着地,身体约呈65°前倾。

(二)伸掌礼

这是茶道表演中用得最多的示意礼。当主泡与助泡之间协同配合时,主人向客人敬奉各种物品时都简用此礼,表示的意思为:“请”和“谢谢”。当两人相对时,可均伸右手掌对答表示,若侧对时,右侧方伸右掌,左侧方伸左掌对答表示。伸掌姿势应是:四指并拢,虎口分开,手掌略向内凹,侧斜之掌伸于敬奉的物品旁,同时欠身点头,动作要一气呵成。

(三)叩指礼

叩指礼即右手的中指和食指曲一曲,在桌子上敲两下(见图4-1)。叩指礼现在南方地区比较流行。

图4-1　叩指礼仪

(四)奉茶礼

奉茶礼(敬茶、献茶、上茶)源于呈献物品给位尊者的一种古代礼节。在茶艺中是指沏茶者把沏泡好的茶用双手恭敬地端上茶几、茶桌,或用双手恭敬地端给品饮者。将泡好的茶端给客人时,最好使用托盘,若不用托盘,注意不要用手指接触杯沿。端至客人面前,应略躬身,说“请用茶”,也可伸手示意,同时说“请”。宾客接茶时,若人多,环境嘈杂,可行叩指礼表示感谢。若用双手接过时,人要有稍前倾的姿势,应点头示意或道谢。除特殊情况外,不用单手奉茶。奉茶时要注意将茶杯正面对着接茶的一方,有杯柄的茶杯在奉茶时要将杯柄放置在客人的右手边。敬茶点要考虑取食方便,有时请客人选茶点,有“主随客愿”之敬意。

在某些茶艺活动中,客人的位置或桌面较低时,往往以蹲曲身体的姿势奉茶和递器物等,它是一种形体语言,表示对宾客的尊敬。

若客人较多时,上茶的先后顺序一定要慎重对待,切不可肆意而为。合乎礼仪的做法应是:其一,先为客人上茶,后为主人上茶;其二,先为主宾上茶,后为次宾上茶;其三,先为女士上茶,后为男士上茶;其四,先为长辈上茶,后为晚辈上茶。

如果来宾甚多,且彼此之间差别不大时,可采取下列四种顺序上茶:其一,以上茶者为起点,由近而远依次上茶;其二,以进入客厅之门为起点,按顺时针方向依次上茶;其三,在上茶时,以客人的先来后到为先后顺序;其四,上茶时不讲顺序,或是由饮用者自己取用。

(五) 寓意礼

茶道活动中,自古以来在民间逐步形成了不少带有寓意的礼节。

1. 凤凰三点头

"凤凰三点头"是茶艺道中的一种传统礼仪,是对客人表示敬意,同时也表达了对茶的敬意。

高提水壶,让水直泻而下,接着利用手腕的力量,上下提拉注水,反复三次,让茶叶在水中翻动。这一冲泡手法,雅称凤凰三点头。凤凰三点头不仅为了泡茶本身的需要,为了显示冲泡者的姿态优美,更是中国传统礼仪的体现。

凤凰三点头最重要在于轻提手腕,手肘与手腕平,便能使手腕柔软有余地。所谓水声三响三轻、水线三粗三细、水流三高三低、壶流三起三落都是靠柔软手腕来完成。至于手腕柔软之中还需有控制力,才能达到同响同轻、同粗同细、同高同低、同起同落而显示手法精到。最终结果才会看到每碗茶汤完全一致。凤凰三点头寓意三鞠躬,表达主人对客人有敬意善心,因此手法宜柔和,不宜刚烈。然而,水注三次冲击茶汤,更多激发茶性,也是为了泡好茶。不能以表演或做作心态去对待,才会心神合一,做到更佳。

2. 回旋斟水法

回转斟水、斟茶、烫壶等动作,右手必须逆时针方向回转,左手则以顺时针方向回转,表示招手"来!来!来!"的意思。欢迎客人来观看,若相反方向操作,则表示挥手"去!去!去!"的意思。

3. 壶嘴朝向

茶壶放置时壶嘴不能正对客人,否则表示请客人离开。

4. 斟茶量

"七分茶、八分酒"是厦门民间的一句俗语,谓斟酒斟茶不可斟满,让客人不好端,溢出了酒水茶水,不但浪费,也总会烫着客人的手或撒泼到衣服上,令人尴尬。因此,斟酒斟茶以七八分为宜,太多或太少都会被认为不识礼数。用茶壶斟茶时,应该以右手握壶把,左手扶壶盖。在客人面前斟茶时,应该遵循先长后幼,先客后主的服务顺序。斟完一轮茶后，茶壶应该放在餐台上，壶嘴不可对着客人。茶水斟倒以七八分满为宜。俗话说："茶满欺客"，如果茶水斟满一是会使客人感到心中不悦，二是杯满水烫不易端杯饮用。另外，有时请客人选点茶，有"主随客愿"之敬意；有杯柄的茶杯在奉茶时要将杯柄放置在客人的右手面，所敬茶点要考虑取食方便。总之，应处处从方便别人考虑，这一方面的礼仪有待于进一步地发掘和提高。

（六）其他礼节

1. 续水

最合适的做法，就是要为客人勤斟茶，勤续水。当然，为来宾续水上茶一定要讲主随客便，切勿做作。如果一再劝人用茶，而无话可讲，则往往意味着提醒来宾"应该打道回府了"以前，中国人待客"上茶不过三杯"一说。第一杯叫作敬客茶，第二杯叫作续水茶，第三杯则叫作送客茶。

在为客人续水斟茶时，须以不妨碍对方为佳。如有可能，最好不要在其前面进行操作。非得如此不可时，则应一手拿起茶杯，使之远离客人身体、座位、桌子，另一只手将水续入。在续水时，不要续得过满，也不要使自己的手指、茶壶或者水瓶弄脏茶杯。为防止续水时水时水外滴，应在茶壶或水瓶的口部附上一块洁净的毛巾。

2. 鼓掌

鼓掌是对表演者、献技者、讲话者的赞赏、鼓励、祝愿、祝贺的礼貌举止。

3. 起立

茶艺活动中的起立是位卑者表示敬意的礼貌举止，通常在迎候或送别嘉宾、年长者时使用。

4. 告辞

品茗后，客人应对主人的茶叶、泡茶技艺和精美的茶具表示赞赏。告辞时要一次对主人的热情款待表示感谢。

5. 馈赠小礼物

馈赠小礼物是礼仪的表达方式之一，俗话说"礼轻情谊重"，适宜的小礼品，可以增进双方的感情，有利于人际关系的和谐。礼物应适合茶艺氛围，有些需用合适的包装，选择的时机可在茶艺活动临近结束或结束后，使人有意犹未尽，话久情长的感觉。

任务二　仪　态

仪态,指的是人的姿势,举止和动作。不同国家、不同民族以及不同的社会历史背景,对不同阶层、不同特殊群体的仪态都有不同的标准和要求。资本主义国家的贵族阶层和统治集团的上层人物的仪态讲究绅士风度。不同宗教对其教徒讲究具有宗教特征的仪态。我国几千年的封建社会历史,也逐渐形成很多对皇家宫室,对儒雅学士,对民间妇女等很多方面的仪态标准和要求。

茶艺表演中的仪态主要有如下两个方面。

一、姿态

姿态是身体呈现的样子。从中国传统的审美角度来看,人们推崇姿态的美高于容貌之美。古典诗词文献中形容一位绝代佳人,用“一顾倾人城,再顾倾人国”的句子,顾即顾盼,是秋波一转的样子。或者说某一女子有林下之风,就是指她的风姿迷人,不带一丝烟火气。茶艺表演中的姿态也比容貌重要,需要从坐、立、跪、行、蹲、转身、落座等几种基本姿势练起。

(一) 坐姿

坐在椅子或凳子上,必须端坐中央,使身体重心居中,否则会因坐在边沿使椅(凳)子翻倒而失态;双腿膝盖至脚踝并拢,上身挺直,双肩放松;头上顶下颌微敛,舌抵下颚,鼻尖对肚脐;女性双手搭放在双腿中间,左手放在右手上,男性双手可分搭于左右两腿侧上方。全身放松,思想安定、集中,姿态自然、美观,切忌两腿分开或跷二郎腿还不停抖动、双手搓动或交叉放于胸前、弯腰弓背、低头等。如果是作为客人,也应采取上述坐姿。若被让坐在沙发上,由于沙发离地较低,端坐使人不适,则女性可正坐,两腿并拢偏向一侧斜伸(坐一段时间累了可换另一侧),双手仍搭在两退中间;男性可将双手搭在扶手上,两腿可架成二郎腿但不能抖动,且双脚下垂,不能将一腿横搁在另一腿上。

(二) 站姿

在单人负责一种花色品种冲泡时,因要多次离席,让客人观看茶样、奉茶、奉点等,忽坐忽站不甚方便,或者桌子较高,下坐操作不便,均可采用站式表演。另外,无论用哪种姿态,出场后,都得先站立后再过渡到坐或跪等姿态,因此,站姿好比是舞台上的亮相,十分重要。站姿应该双脚并拢,身体挺直,头上顶下颌微收,眼平视,双肩放松。女性双手虎口交叉(右手在左手上),置于胸前。男性双脚呈外八字微分开,身体挺直,头上顶上颌微收,眼平视,双肩放松,双手交叉(左手在右手上),置于小腹部。

(三) 跪姿

在进行茶道表演的国际交流时，日本和韩国习惯采取席地而坐的方式，另外如举行无我茶会时也用此种座席。对于中国人来说，特别是南方人极不习惯，因此特别要进行针对性训练，以免动作失误，有伤大雅。

1. 跪坐

日本人称之为“正坐”。即双膝跪于座垫上，双脚背相搭着地，臀部坐在双脚上，腰挺直，双肩放松，向下微收，舌抵上颚，双手搭放于前，女性左手在下，男性反之。

2. 盘腿坐

男性除正坐外，可以盘腿坐，将双腿向内屈伸相盘，双手分搭于两膝，其他姿势同跪坐。

3. 单腿跪蹲

右膝与着地的脚呈直角相屈，右膝盖着地，脚尖点地，其余姿势同跪坐。客人坐的桌椅较矮或跪坐、盘腿坐时，主人奉茶则用此姿势。也可视桌椅的高度，采用单腿半蹲式，即左脚向前跨一步，膝微屈，右膝屈于左脚小腿肚上。

(四) 行姿

女性为显得温文尔雅，可以将双手虎口相交叉，右手搭在左手上，提放于胸前，以站姿作为准备。行走时移动双腿，跨步脚印为一直线，上身不可扭动摇摆，保持平稳，双肩放松，头上顶下颌微收，两眼平视。男性以站姿为准备，行走时双臂随腿的移动可以身体两侧自由摆动，余同女性姿势。转弯时，向右转则右脚先行，反之亦然。出脚不对时可原地多走一步，待调整好后再直角转弯。如果到达客人面前为侧身状态，需转身，正面与客人相对，跨前两步进行各种茶道动作，当要回身走时，应面对客人先退后两步，再侧身转弯，以示对客人尊敬。

(五) 蹲姿

在正式场合，蹲姿通常是在取放物件、拣拾落地物品或合影于前排时不得已而为之的动作，优雅的蹲姿基本要领是：屈膝并腿，臀部向下，上身挺直。其姿势主要是有以下两种。

1. 交叉式蹲姿

交叉式蹲姿即下蹲时右脚在前，左脚在后。右小腿垂直于地面，全脚着地。左腿在后与右腿交叉重叠，左膝由后面伸向右侧，左脚跟抬起，脚掌着地。两腿前后靠紧，合力支撑身体。臀部向下，上身稍前倾。

2. 高低式蹲姿

高低式蹲姿即左脚在前，右脚在后向下蹲去，左小腿垂直于地面，全脚掌着地，大腿靠近；右脚跟提起，前脚掌着地；右膝内侧靠于左小腿内侧，形成左膝高于右膝的姿态，臀部向下，上身稍向前倾，以左脚为身体的主要支点。

茶艺活动中，如果客人的位置或桌面较低时，常采用以上两种蹲姿奉茶或茶点，以示对客人的尊敬。

(六) 转身

转身时，向右转则右足先行，反之亦然。出脚不对时可原地多走一步，待调整好再直角转弯。如到达来宾面前为侧身状态，需转身正对来宾；离开客人时应先退后两步再侧身转弯。回应别人的呼唤，要转动腰部，脖子转回并身体随转，上身侧面，而头部完全正对微笑着正视他人。这种回头的姿态，身体显得灵活，态度也礼貌周到。

(七) 落座

落座讲究动作的轻、缓、紧，即入座时要轻稳。走到座位前自然转身后退，轻稳地坐下，落座声音要轻，动作要协调柔和，腰部、腿部肌肉需有紧张感。女士穿裙装落座时，应将裙向前收拢一下再坐下。

起立时，右脚抽后收半步，而后站起。

(八) 表情

1. 眼神

眼神是脸部表情的核心，能表达最细微的表情差异。在社交活动中，是用眼睛看着对方的三角部位，这个三角是以两眼为上线，嘴为下顶角，也就是双眼和嘴之间，当你看着对方这个部位时，会营造出一种社交气氛。

在茶艺表演中更要求表演者神光内敛，眼观鼻，鼻观心，或目视虚空，目光笼罩全场。切忌表情紧张、左顾右盼、眼神不定。

2. 笑容

微笑可以表现出温馨、亲切的表情，能有效地缩短双方的距离，给对方留下美好的心理感受，从而形成融洽的交往氛围，可以反映本人高雅的修养，待人的至诚。微笑有一种魅力，在社交场合，轻轻的微笑可以吸引别人的注意，也可使自己及他人心情轻松些。在茶艺表演中，最好常保持一张微笑的面孔，但要注意，微笑要发自内心，不要假装。

(九) 其他手势

在各种茶艺表演活动中，运用的各种手法十分丰富。在操作时讲究指法细腻，动作优美，并且规范适度。如在放下器物时要有一种恋恋不舍的感觉，给人一种优雅、含蓄、彬彬有礼的感觉。捧取器物时，将搭于胸前或前方桌沿的双手慢慢向两侧平移至肩宽，向前合抱欲取的物件，双手掌心相对捧住基部移至需放置的位置，轻轻放下后双手收回，再捧取第二件物品，直至动作完毕复位。多见于捧取茶样罐、箸匙筒、花瓶等立式物件。端取器物时，双手伸出及收回动作同前法，端物件时双手手心向上，掌心下凹作“荷叶”状，平稳移动物件。多见于端取赏茶盘、茶巾盘、扁形茶荷、茶匙、茶点、茶杯等。冲泡时，一般是右手冲泡，则左手半握拳自然搁放在桌上。

二、风度

风度，是在人际交往过程中，一个人心理素质和修养，通过神态、仪表、言谈、举止表现出来的综合特征，是内在素质、外部形象和精神风貌的高度统一。

茶艺操作时要注意两件事：一是将各项动作组合的韵律感表现出来；二是将泡茶的动作融进与客人的交流中。

三、茶艺师茶事活动要求

茶艺师在茶事活动中要做到“三轻”：说话轻、操作轻、走路轻。

(一) 基本要求(礼、雅、柔)

1. 礼

在服务过程中，要以礼待人，以礼待茶，以礼待器。

2. 雅

茶乃大雅之物，茶艺人员要说话轻、操作轻、走路轻。努力做到言谈文雅，举止优雅，尽可能地与茶叶、茶艺、茶艺馆的环境相协调，给顾客一种高雅的享受。

3. 柔

茶艺师在进行茶事活动时，动作要柔和，讲话时语调要轻柔、温柔、温和，展现出一种柔和之美。

(二) 茶艺师的人格魅力

1. 微笑

茶艺师的脸上永远只能有一种表情，那就是微笑。有魅力的微笑，发自内心的得体的微笑，才会光彩照人。

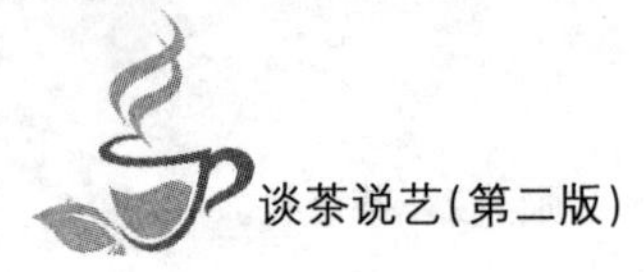

2. 语言

茶艺师用语应该是轻声细语。但对不同的客人，茶艺员应主动调整语言表达的速度。

3. 交流

茶艺师讲茶艺不要从头到尾都是自己在说，这会使气氛紧张。应该给客人留出空间，引导客人参与进来，引出客人话题的方法很多，如赞美客人，评价客人的服饰、气色、优点等，这样可以迅速接近你和客人之间的距离。

任务三　饮茶风俗

一、国内饮茶习俗

(一) 客家擂茶

擂茶也称“三生汤”一般以生茶叶、生米、生姜为主要原料，经过研磨配制后加水烹煮而成。擂茶的制作和饮用习俗，随着客家人的南迁，逐步传到闽、粤、赣、台等地区，并得到改进和发展，形成了不同的风俗。

擂茶（见图 4－1）的基本原料是茶叶、米、芝麻、黄豆、花生、盐及橘皮，有时也加些青草药。所使用的茶叶其实不全是传统意义的茶叶，可充当茶叶的除老茶树叶外，更多的是野生植物的嫩叶。经洗净、焖煮、发酵、晒干等工序而大量制备取用。加用药草则随季节气候不同而有所变换。原料备好，同置钵中。一般是坐姿操作，左手协助或仅用双腿夹住擂钵，右手或双手紧握擂持，以其圆端沿擂钵内壁成圆周频频擂转，直到原料擂成酱状茶泥，冲入滚水，撒些碎葱，便成为日常的饮料。相传擂茶起源于中原人将青草药擂烂冲服。

图 4－1　客家擂茶

(二) 江浙熏豆茶

在美丽富饶的长江三角区，特别是太湖之滨及杭嘉湖鱼米之乡，几乎家家户户都有喝熏豆茶的习俗。

熏豆茶（见图 4－2）以少量的绿茶为辅，更多的是称为“茶果里”的佐料。佐料中，首要的是熏豆，采摘嫩绿的优良品种青豆，经过剥、煮、淘、烘等多种工序加工而成，放入干燥器中储存备用。第二种是芝麻，一般选取颗粒饱满的白芝麻炒至芳香扑鼻即可。三种，民间叫“卜子”，其名为“紫苏”，以野生为上品；第四种为橙皮，选用太湖流域的酸橙之皮,具有理气健胃的功效。第五种为胡萝卜干。待所有的“茶果里”佐料投放茶碗完毕后,再放上几片嫩绿的茶叶,以沸水冲泡,一碗兼有“色香味形”特色的熏豆茶就制作好了。茶汤绿中呈黄,嫩茶的清香和熏豆的鲜味混为一体,饮后提升,开胃,有养生保健之功效。

图 4-2　熏豆茶及配料

(三) 藏族酥油茶

藏族人民视茶为神之物,从历代“赞普”至寺庙喇嘛,从土司到普通百姓,因其食物结构中,乳肉类占很大比重,而蔬菜、水果较少,故藏民以茶佐食,餐餐必不可少。流传着“宁可三日无粮,不可一日无茶”的说法。

酥油是从牛、羊奶中提炼出来的。制作方法为:先烧开一锅水,把紧压的茶捣碎,放入沸水中煮,约半个小时左右,待茶汁浸出后,滤去茶叶,把汁水装进长圆柱形打茶桶内,与此同时,用一口锅煮牛奶,一直煮到表面凝结一层酥油时,把它倒入装有茶汤的打茶桶内,放入适量的盐和糖。盖住打茶桶,用手把住直立长桶不断移动长棒捶打,直到桶内声音转化成“嚓咿嚓咿”的声音时,酥油茶就打好了。

酥油茶(见图 4-3)是藏族群众每日必备的饮品,是西藏高原生活的必需。寒冷的时候可以驱寒,吃肉的时候可以去腻,饥饿的时候可以充饥,困乏的时候可以解乏,瞌睡的时候,还可以清醒头脑。茶叶中含有维生素,可以减轻高原缺少蔬菜带来的损害。

图 4-3　藏民酥油茶

（四）苗族八宝油茶汤

苗族人吃八宝油茶汤（见图 4－4）的习俗由来已久。他们说："一日不吃油茶汤，满桌酒菜都不香。"如若有宾客进门，他们更会用香脆可口、滋味无穷的八宝油茶汤款待。其实，称为八宝油茶汤，其意思是油茶汤中放有多种食物之意，所以，与其说它是茶汤，还不如说它是茶食更恰当。

待客敬油茶汤时，大凡有主妇用双手托盘，盘中放上几碗八宝油茶汤，每碗放上一只汤匙，彬彬有礼地敬奉客人。这种油茶汤，由于用料讲究，制作精细，一碗到手，清香扑鼻，沁人肺腑。喝在口中，鲜美无比，满嘴生香。它既解渴，又饱肚，还有特异风味，堪称中国饮茶技艺的一朵奇葩。

图 4－4　苗族八宝油茶汤

（五）蒙古咸奶茶

蒙古族同胞饮咸奶茶（见图 4－5），除城市和农业区采用泡饮法外，牧区几乎都是用铁锅熬煮。蒙古人民一日三餐都离不开茶，由于边疆民族肉、奶食品吃得较多，蔬菜较少，而喝茶既可消食去腻，又可补充人体所需的多种维生素和微量元素，所以与其说"一日三餐"，倒不如说每日"三茶一饭"更确切。牧民们习惯在早、中、晚各饮用一次茶，而且他们饮茶的同时还要搭配炒米、奶饼、油炸果之类的点心。

蒙古族喝的咸奶茶，用的多为青砖茶或是黑砖茶，煮茶的器具除城市和农业区采用泡茶以外，牧区几乎都用铁锅（铜壶）熬煮。其具体制作方法大致是：先要将青砖茶用砍刀劈开，放在容器里捣碎后，取出茶叶，置于碗中用清水浸泡。生起灶火，架锅烧水，水必须是新打来的水，否则口感不好。水烧开后，倒入另一个锅中，将用清水泡过的茶水也倒入，再用文火熬 3 分钟，然后放入几勺鲜奶，再放入少量的食盐，锅开后香甜可口的奶茶就做好了，用勺舀入茶碗中即可饮用。

图 4－5　蒙古咸奶茶

(六) 白族三道茶

白族三道茶(见图 4－6)指的是我国云南大理白族自治州,过节、寿诞、婚嫁、宾客来访等重要场合,主人都会以“一苦二甜三回味”的饮茶方式来款待客人,象征着对人生的体悟。三道茶据说最初是用于长辈对晚辈前来求艺学商时举行的一种仪式,寓意要学得真本事,首先要吃得苦,只有经过艰苦的磨炼,才能享受到生活的甘甜,而且只有尝尽了人间的酸甜苦辣,才能领悟到人生的真谛,久而久之,这种饮茶方式已成为白族同胞待客的礼仪。

第一道茶,称为“清苦之茶”,寓意做人的哲理:“要立业,先要吃苦”。制作时,先将水烧开,再由主人将一只小砂罐置于文火上烘烤,待罐烤热后,随机取适量茶叶放入罐内,并不停地转动砂罐,使茶叶受热均匀,待罐内茶叶“啪啪”作响,叶色转黄,发出焦糖香时,立即注入已经烧沸的开水。少顷,主人将沸腾的茶水倾入茶盅,再用双手举盅献给客人。

第二道茶,称为“甜茶”。当客人喝完第一道茶后,主人重新用小砂罐置茶、烤茶、煮茶,与此同时,还得在茶盅内放入少许红糖、乳扇、桂皮等,待煮好的茶汤倾入八分满为止。

第三道茶,称为“回味茶”。其煮茶方法虽然相同,但茶盅中放的原料已换成适量蜂蜜,少许炒米花,若干粒花椒,一撮核桃仁,茶容量通常为六七分满。饮第三道茶时,一般是一边晃动茶盅,使茶汤和佐料均匀混合,一边口中“呼呼”作响,趁热饮下。这杯茶,喝起来甜、酸、苦、辣各味俱全,回味无穷。因此,白族称它为“回味茶”,寓意凡事多“回味”,切忌“先甜后苦”的哲理。

喝了白族三道茶,口感特别舒适,这正是三道茶的魅力所在。随着人们生活水平的提高以及茶文化的普及,三道茶的配料更为丰富,喝茶的寓意也有所不同,但是一苦、二甜、三回味的风格依然如故。

图 4-6　白族三道茶及三道茶表演

(七) 竹筒茶(见图 4-7)

定居在美丽的澜沧江畔的傣族人喜欢用竹筒茶。竹筒茶,傣族语称为"纳朵",是流行于云南南部傣族地区的一种民俗茶饮。

佤族人民也饮用竹筒茶,但制作方法与傣族的大相径庭。佤族人是将刚采的青茶放入新砍的青竹筒内,并加入少量盐巴置于火上烧烤,青茶在高温中受竹气蒸熏,产生一种特殊的清香,冲入开水后饮用能止渴消乏、祛热解暑、明目化滞。

图 4-7　竹筒香茶

(八) 拉祜族烤茶

饮烤茶(见图 4-8)是拉祜族古老而传统的饮茶方式,拉祜语中称为"腊扎夺"。按拉祜族的习惯,烤茶时,先要用一只小土陶罐,放在火塘上用文火烤热,然后放上适量茶叶抖烤,使茶受热均匀,待茶叶叶色转黄,并发出焦香为止。接着用沸水冲满装茶的小陶罐,随即泼去茶汤面上的浮沫,再注满沸水煮沸 3～5 分钟待饮。然后倒出少许,根据浓淡,决定是否另加开水。再就是将在罐内烤好的茶水倾入茶碗,奉茶敬客。喝茶时,拉祜族兄弟认为,烤茶香气足,味道浓,能振精神才是上等好茶。因此,拉祜族喝烤茶,总喜欢喝热茶。同时,客人喝茶时,特别是第一口喝下去后,应啜茶,就是用口啜取茶味,口中还得“啧! 啧!”有声,以示主人烤的茶有滋有味,实属上等好茶。这也是客人对主人的一种赏与回礼。

图 4-8 拉祜族烤茶

(九) 回族刮碗子茶

刮碗子茶(见图 4-9)是流行于回族地区的一种民俗茶饮。饮茶的盖碗通常由碗托、喇叭口茶碗和碗盖组成。茶碗盛茶,碗盖保香,碗托防烫。冲泡时以普通炒青绿茶为主料,可放一些冰糖和干果,如苹果干、葡萄干、柿饼、桃干、红枣、桂圆干、枸杞子等,也可加白菊花、芝麻之类,配料可多达八种,故也称为“八宝茶”。

喝茶时不能拿掉碗盖,也不能用嘴吹漂在茶汤表面的茶料,须一手托住碗托,一手拿盖,用盖子顺碗口由里向外刮几下,“一刮甜,二刮香,三刮茶卤变清汤”,这样可以拨去浮在茶汤表面的泡沫,还可以使茶与添加的佐料相融,正贴合“刮碗子”的茶名。

图 4-9 回族刮碗子茶及表演

(十) 布朗族青竹茶

布朗族是个古老的民族,族人大多从事农业,善于种茶。布朗族人爱喝青竹茶(见图 4-10),是一种既简便,又实用,并贴近生活的饮茶方式,常在离开村寨进山务农或狩猎时饮用。布朗族喝的青竹茶,烧制方法比较奇特。因在当地有“三多”:茶树多、泉水多和竹子多。烧制时,首先砍一节碗口粗的鲜竹筒,一端削尖,盛上洁净泉水,斜插入地，当作烧水器皿，再找一根粗度略细些的竹子，依人多少，做成几个可盛水的小竹筒作茶杯，为防止烫手，底部也削成尖状，以便插入土中。然后找些干枝落叶，当作燃料点燃于竹筒四周，待竹筒内的水煮沸。与此同时，在茶树上，采下适量嫩叶，用竹夹钳住在火上翻动烤焙，犹如茶叶加工时的“杀青”，去除青草味，焙出清香。烤到茶枝柔软时，用手搓几下，使之溢出茶汁，待竹筒茶壶内的泉水煮沸时，随即将揉捻后的茶枝放进竹筒内再煮3分钟左右，一筒鲜香的竹筒茶便煮好了。接着，将竹筒内的茶汤分别倒入竹茶杯中，人手一杯，便可饮用。

图4-10　布朗族青竹茶表演

二、国外饮茶习俗

(一) 印度拉茶

“拉茶”(见图4-11)也可以称为“香料茶”，在制作过程中会加以很多香料(玛萨拉调料)，先将水烧热，加入茶叶煮成红茶，再加入豆蔻、姜、肉桂、丁香等，最后加奶烧开，把所有材料混合煮开之后，将茶水在两个容器之间来回倾倒，使茶与奶以及香料充分融合，并展示“拉茶”，这也是考验茶师的技艺，也能因此吸引顾客。

图4-11　印度拉茶制作与成品

(二) 日本抹茶

日本抹茶(见图 4－12)源自中国,南宋时期日本僧人荣西将茶种传到日本,并学习唐宋年间的中国饮茶的环境、礼节以及操作方式。

在日本,茶叶的种植与制作都很有特色。茶叶采摘的大约一个月前,需要用遮阳网将茶树覆盖,利于茶树嫩芽氨基酸的积累。制作上采用蒸汽杀青,保留了茶叶的翠绿与鲜醇。蒸青绿茶可以直接冲泡,或用石磨碾成粉末状的抹茶。

抹茶的冲泡方法,来源于中国宋朝时候的点茶。准备茶碗,将一小勺茶粉置入茶碗中,加适量的水,用茶筅,快速搅打起泡沫。泡沫细小均匀程度决定了茶人的能力大小,饮用的时候是直接捧起茶碗小口服下,茶汤口感细腻,略带苦涩,滋味甘甜。

图 4－12　日本抹茶与制作

(三) 东南亚肉骨茶

肉骨茶(见图 4－13)顾名思义,就是一边吃肉骨汤一边喝茶。东南亚地区有两种类型的肉骨茶,即新加坡的海南派和马来西亚的福建派,地区不同,口味也是各异。海南派肉骨茶较重胡椒味,福建派则重药材味。

肉骨汤是以猪肉和猪骨,混合中药及香料,如当归、枸杞、玉竹、党参、桂皮、牛七、熟地、西洋参、甘草、川芎、八角、茴香、桂香、丁香、大蒜及胡椒,熬煮多个小时的浓汤。

而配合饮用的茶叶则大多选自福建产的乌龙茶,如大红袍、铁观音之类。人们在吃肉骨汤时,必须饮茶。

图 4－13　东南亚肉骨茶

（四）泰国腌茶

泰国北部地区与中国云南接壤处的居民喜爱吃腌茶（见图 4－14），其做法与中国云南少数民族制作腌茶一样。腌茶一般在雨季制作，所用的茶叶是略经加工的鲜叶。

制作方法是，采茶树上的鲜叶，用清水洗净，沥干水后待用。腌茶时，先用竹匾将鲜叶摊晾，使其失去少许水分，而后稍加搓揉，再加上辣椒、食盐适量拌匀，放入罐或竹筒内，层层用木棒舂紧，将罐（筒）口盖紧，或用竹叶塞紧。静置两、三个月，至茶叶色泽开始转黄，就算将茶腌好。

腌好的茶从罐内取出晾干，然后装入瓦罐，随食随取。讲究一点的，食用时还可拌些香油，也有加蒜泥或其他佐料的。

腌茶，名为茶，其实更像是一道美食，吃时将它和香料拌和后，放进嘴里细嚼。又因这里气候炎热，空气潮湿，平时吃腌菜，又香又凉，所以，腌茶成了当地世代相传的一道家常美味。

图 4－14　泰国腌茶

（五）印度尼西亚的冰茶

印度尼西亚是一个东南亚国家，在一日三餐中，印度尼西亚人认为中餐比早、晚餐更重要，饭菜的品种花样也比较多。他们不吃猪肉，不喝烈酒，不吃海参也不吃带骨头和汤汁的饭菜，但他们有个习惯，不管春、夏、秋、冬，吃完中餐以后，要喝一碗冰茶。

冰茶顾名思义即时冰冻后的茶，基本以红茶为原料。再加入糖和一些佐料，完成后放入冰箱，随饮随取。

（六）英国红茶

英国是个喜爱喝红茶的国家，已经有 300 年的历史，也是红茶消费量最大的国家。英国茶一般加牛奶，有时也加糖，但更多的是加上橙片、茉莉等制成公爵红茶（Duke's black tea）、茉莉红茶（black tea of jasmine）、果酱红茶（black tea of jam）、蜂蜜红茶（black tea of honey）等。

英国是一个对生活品质有浪漫追求的国家，所以茶具的选配代表着主人的讲究程度。一般会有以下茶具:茶杯、茶壶、茶匙、茶刀、滤勺、广口瓶、饼干夹、放茶渣的碗、三层点心盘、砂糖壶、茶巾、保温面罩、茶叶罐、热水壶以及托盘。茶具的繁多代表着英国人对生活品质的追求。

据调查,英国人每天要喝1.65亿杯茶,每年全国消耗掉近20万吨的茶叶,占世界茶叶贸易总量的20%,为西方各国之冠,堪称"饮茶王国"。

(七) 埃及甜热茶

埃及人喜爱喝热茶,也偏向选取红茶为主,但不爱在茶汤中加入牛奶,喜爱加入蔗糖。

埃及甜茶的制作方式很简单,将茶叶放入杯中用沸水冲泡后,杯子里再加入许多白糖,其比例是,一杯茶要加三分之二的糖,等溶化后便可以饮用了,为表示对客人的尊重,会送来一杯冷水方便稀释甜茶。茶入嘴后会有黏腻感,可知糖的浓度有多高了。埃及人从早到晚都喝茶,无论什么场合,都要沏茶,甜热茶是埃及人待客的最佳饮品。

【知识拓展】

日本茶道礼仪

【项目回顾】

本章主要讲解了中国茶艺礼仪的概念,围绕礼节、仪容、仪态三个方面,学习了茶艺活动中的鞠躬礼、伸掌礼、寓意礼等相关礼仪内容。同时,还详细地介绍了国内外各地民族饮茶风俗,呈现"千里不同风,百里不同俗"风貌。

【技能训练】

1. 茶艺操作中寓意礼应用训练。
2. 茶艺操作中坐姿,行姿应用训练。
3. 开展茶艺师自我介绍练习。

【自我测试】

简答题

1. 茶艺中的寓意礼有哪些?
2. 女茶艺师的站姿坐姿要求有哪些?

项目五　茶之技

学习目标

- 掌握器具使用规范。
- 掌握注水方式和速度。
- 掌握男女基本手法差异。
- 了解不同茶叶品种或品级的沏茶方式。

项目导读

沏茶的手法是茶艺师必须掌握的基本操作技能，正确练习并熟练后，就为学习成套泡茶技艺奠定了基础。茶艺从业人员由于担负着推广茶艺、普及茶文化等责任，因此在练习各项泡茶技艺时应从严把握，一招一式皆有法度。

✓音视频资源
✓拓展文本
✓在线互动

任务一　基本技法

茶艺师考证目前是我国茶叶行业中的重要职业技能工种，需要茶艺师在掌握相关理论知识和技能操作后按照各级人力资源与社会保障部门要求参加等级考试，本项目按照中级（五级）茶艺师考评要求实施的相关技能训练项目。

一、注水的手法

一壶好茶，离不开好的茶叶，好的茶具和好的泡茶之水。除此之外，泡茶之水的注入方式（见图 5－1）对茶的品质影响也有很大的软性因素。这是因为注水的方式是在泡茶过程中唯一需要人工完全控制的环节，其注水的快慢、水流的急缓、水线的走势、高低、粗细都是人为控制，对茶叶品质影响很大。

图 5－1　注水基本手法

（一）基本的注水手法

1. 螺旋形注水

螺旋形注水，其水线会令盖碗的边缘部分以及面上的茶底都能直接接触注入的水，可令茶水在注水的第一时间溶合度增加。这样的注水方式比较适合红茶、绿茶和白茶，泡到后期，滋味变淡，也可使用这种方式。

2. 环圈注水

环圈注水，顾名思义，就是指注水时水线沿壶盖或者杯面旋满一周，收水时正好回归出水点。这种方式需要一定的技巧，比如在注水时要注意根据注水速度调整旋转的速度，水柱细就慢旋，水柱粗就快旋。这样的注水方式，可令茶的边缘部分在第一时间接触到水，而面上中间部分的茶主要靠水位上涨后才能接触到水，如此一来，茶水在注水的第一时间溶合度就不会特别高。这样的注水方式适合嫩度比较高的绿茶。

3. 单边定点注水

单边定点注水，即指注水点固定在一个地方。可让茶仅有一边接触水，那么茶水在注水开始时溶合度就较差。需要注意的是，如果注水点在盖碗壁上，那将注水点放在盖碗和茶底之间，会融合得更好。这种注水方式适合需要出汤很快的茶，或者碎茶。

4. 正中定点注水

正中定点注水是一种比较极端的方式，通常和较细的水线、长时间地缓慢注水方式搭配使用。这样注水，茶底只有中间的一小部分能够和水线直接接触，其他则统统在一种极其缓慢的节奏下溶出，让茶和水在注水的第一时间溶合度最小，茶汤的层次感也最明显。这样的注水方式适合香气比较高的茶。

5. 快进快出法

这是最常见的一种泡茶法。将沸水稍微静置降温，然后快速注入泡茶的容器，凭感觉再快速出汤。同理也就有慢进慢出法、快进慢出法和慢进快出法。

轻：定点低冲细水柱，慢慢地浸润，适合比较碎的普洱熟茶，或者很嫩的茶。

重：旋转注水，水柱高粗，这样的注水方式冲击力很强，适合紧实颗粒的，比如乌龙，用螺旋注水法，让水打圈儿注入盖碗，引起旋转的水纹，充分搅动茶叶，与水的融合，茶汁更好的浸出来，才能把香气激发出来。

缓：定点注水，水柱高，细。这样的注水方式适合白茶。因为白茶轻揉捻，轻发酵，要稍微急些才能让茶汁浸出，但是由于白茶原叶一般比较细嫩，所以不适合用粗水柱去击打，水柱应该细些。因为浸出慢，所以需要细的水线，有更多时间让它浸出来。

急：旋转注水，水柱低粗。这样的注水方式适合红茶。红茶发酵重，揉捻也重，需要一定程度搅动，让茶汁浸出，滋味出来。但是不能过快，否则茶的滋味瞬间释放出来，会让茶味变得苦涩。

(二) 不同茶类的注水方式

1. 细嫩绿茶的冲泡

要求茶具(茶杯或茶碗)洁净，通常用透明度好的玻璃杯(壶)、瓷杯或茶碗冲泡。杯、碗内瓷质洁白，便于衬托碧绿的茶汤和茶叶。冲泡的手法很有讲究，要求手持水壶往茶杯中注水，采用“凤凰三点头”的手势，使注入的热水冲动茶叶，上下浮动，茶汁也易泡出。另外，在冲泡时先注入少量热水，使茶叶浸润一下，再注水至离杯沿 1～2 厘米处即可。

2. 红茶的冲泡

(1) 水流大小：柔和细水流注入、稳重中水流注入、阳刚较大水流注入。

（2）注水方式：定点注入、沿杯壁转圈注入，直接淋茶叶注入。

（3）水温较低的、茶质嫩的，想追求鲜甜口感、追求偏淡口感的，可采用柔和细水注入，然后快出汤。

（4）水温较高、茶质较老、想追求茶味重的口感、想茶色浓的，可采用稳重中水注入，阳刚较大水流注入。注水方式没有多大的区别，但水温高的，不能直接淋在茶叶上，更不能往茶叶中部注水，这样会破坏茶叶冲泡出来的口感。一般采用定点注入，沿杯壁转圈注入。

3. 白茶的冲泡

注水沿杯壁轻缓注入杯子的七分满即可。如果不是为了滋味，而仅是为了欣赏茶舞之美，注水时可以采用"凤凰三点头"，定点注水，水柱高、细，这样的注水方式很适合白茶。

4. 乌龙茶冲泡

定点强注水在注水的时候，沿着盖碗或者紫砂壶的一个点进行旋转注水，水柱高粗，这样的注水方式冲击力很强，注意不要用水直接冲在茶叶上，避免苦涩物质快速析出影响茶汤口感。在冲泡乌龙茶注水的时候，要尽可能地提高注水强度，让乌龙茶在容器中有一个激荡的过程，这样有利于茶叶内含物质的发挥表现，提高茶汤的口感滋味。

5. 黄茶的冲泡

水壶将 70 ℃左右的开水，先快后慢冲入盛茶的杯子，至 1/2 处，使茶芽湿透。稍后，再冲至七八分满为止。

6. 黑茶的冲泡

向没有茶叶的地方注水，细流慢冲，茶的内质释放舒缓，协调，这样泡出的茶汤汤感更有细腻度。如果冲泡块型茶，每次注水定点于块型茶上，以便紧结的块型茶舒展，呈现茶汤的饱满度。注水力度一定要轻柔，不要粗水流猛冲。

二、持壶的手法

持壶的手法没有固定章法，只要容易掌握壶的重量、操作自如、手势优美即可。原则上 200 毫升以上的大型壶双手操作，200 毫升以内的小壶单手操作。

依照壶把的结构不同，持壶的手法也不尽相同。

1. 侧提壶

（1）大型壶。右手食指、中指勾住壶把，大拇指与食指相搭；左手食指、中指按住壶钮或盖；双手同时用力提壶。

(2) 中型壶。右手食指、中指勾住壶把,大拇指按住壶盖一侧提壶。

(3) 小型壶。右手拇指与中指勾住壶把,无名指与小拇指并列抵住中指,食指前伸呈弓形压住壶盖的盖钮或其基部,提壶。

女性持壶(见图5-2):中指与无名指捏住壶柄,食指轻倚在壶盖上,大拇指捏住壶把。茶壶盛水后分量加重,会影响倒汤时的手感,最好在使用前先加水试用,找到合适的角度。

男性持壶(见图5-3):相比女生的拿法,男生拿壶时更为粗犷和大气。用大拇指抵住壶盖,食指及中指穿过壶柄捏住,注意不要堵住气孔。

图5-2 女性持壶手法

图5-3 男性持壶手法

2. 飞天壶

右手大拇指按住盖钮,其余四指勾握壶把提壶。

3. 握把壶

右手大拇指按住盖钮或盖一侧,其余四指握壶把提壶。

4. 提梁壶

右手除中指外四指握住偏右侧的提梁,中指抵住壶盖提壶(若提梁较高,则无法抵住壶盖,此时五指握提梁右侧提梁)。大型壶(如开水壶)亦用双手法——右手握提梁把,左手食指、中指按壶的盖钮或壶盖。

5. 无把壶

右手虎口分开,平稳握住茶壶口两侧外壁(食指亦可抵住盖钮),提壶。

三、握杯的手法

1. 大茶杯(可直接放入茶叶冲泡饮用)

(1) 无柄杯。右手虎口分开,握住茶杯基部,女士需用左手指尖轻托杯底,右手握杯。

(2) 有柄杯。右手食指、中指勾住杯柄，大拇指与食指相搭，女士用左手指尖轻托杯底，右手握杯。

2. 闻香杯(见图 5－4)

(1) 右手虎口分开，手指虚拢成握空心拳状，将闻香杯直握于掌心。

(2) 左手斜搭于右手外侧上方闻香。

(3) 也可双手掌心相对虚拢做合十状，将闻香杯捧在两手间。

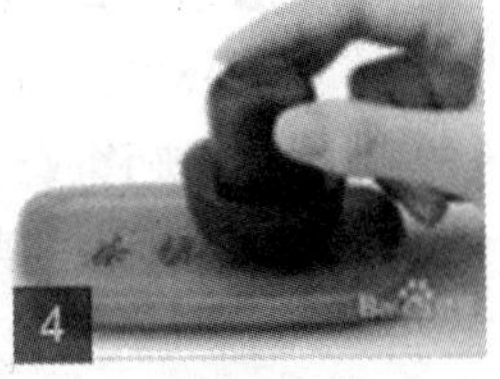

图 5－4　闻香杯翻转手法

3. 盖碗

(1) 男士握法：右手虎口分开，大拇指与中指扣在杯身中间两侧，食指屈伸按在盖钮下凹处，无名指及小指自然搭扶碗壁。

(2) 女士握法：应双手将盖碗连杯托端起，置于左手掌心后如前握杯，无名指及小指可微翘做兰花指状。

4. 公道杯(见图 5－5)

(1) 右手食指、中指靠近把手一侧。

(2) 右手拇指与食指相搭，按住杯把，无名指、小拇指自然弯曲。

(3) 右手自然握空拳，拿起公道杯。

(4) 无柄公道杯：右手虎口分开，拇指和其余四指平稳握住茶壶口两侧外壁(有盖公道杯要求食指抵住盖钮)，拿杯。

图 5－5　公道杯持杯手法

四、置茶的手法

1. 开闭盖

(1) 套盖式茶样罐

双手捧住茶样罐,两手大拇指用力向上推外层铁盖,边推边转动茶样罐,使各部位受力均匀,这样比较容易打开。

当其松动后,右手虎口分开,用大拇指与食指、中指捏住外盖外壁,转动手腕取下后按抛物线轨迹移放到茶盘右侧后方角落。

取茶完毕仍以抛物线轨迹取盖扣回茶样罐,用两手食指向下用力压紧盖好后放下。

(2) 压盖式茶样罐

双手捧住茶样罐,右手大拇指、食指与中指捏住盖钮,向上提盖,沿抛物线轨迹将其放到茶盘中右侧后方角落。

取茶完毕依前法盖回放下。

2. 取茶样(见图 5-6)

(1) 茶荷、茶匙法

左手横握已开盖的茶样罐,开口向右移至茶荷上方。

右手以大拇指、食指及中指三指手背向下捏茶匙,伸进茶样罐中将茶叶轻轻拨进茶荷内。

目测茶样量,认为足够后右手将茶匙搁放在茶荷上。

依前法取盖压紧盖好,放下茶样罐。

右手重拾茶匙,从左手托起的茶荷中将茶叶分别拨进冲泡具中。

在名优绿茶冲泡时常用此法取茶样。

(2) 茶匙法

左手竖握(或端)住已开盖的茶样罐,右手放下罐盖后弧形提臂转腕向箸匙筒边,用大拇指、食指与中指三指捏住茶匙柄取出。

将茶匙插入茶样罐,手腕向内旋转舀取茶样。

左手应配合向外旋转手腕令茶叶疏松易取。

茶匙舀出的茶叶直接投入冲泡器。

取茶后右手将茶匙复位;再将茶样罐盖好复位。

此法可用于多种茶冲泡。

(3) 茶荷法

右手握(托)住茶荷柄从箸匙筒内取出(茶荷口朝向自己),左手横握已开盖的茶样罐,凑到茶荷边,手腕用力令其来回滚动,茶叶缓缓散入茶荷。

将茶叶由茶荷包直接投入冲泡具,或将茶荷放到左手(掌心朝上虎口向外)令茶荷口朝向自己并对准冲泡器具壶口，右手取茶匙将茶叶拨入冲泡具。

茶叶足量后右手将茶匙复位，两手合作将茶样罐盖好放下。

这一手法常用于乌龙茶泡法。

茶叶量取

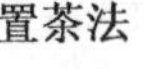

置茶法

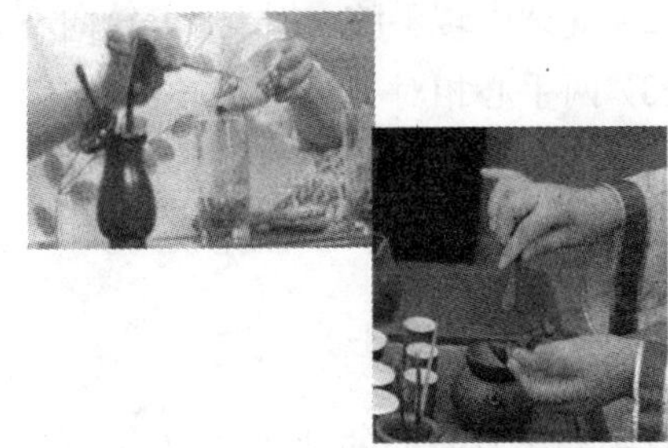

图 5－6　取茶手法

五、取用器物的手法

1. 捧取法（女士）

（1）准备姿势：女士亮相时两手虎口相握，右手在上，收于胸前。

（2）将交叉相握的双手拉开，虎口相对。

（3）虎口相对的双手向内、向下转动手腕；继续转动手腕，各转一圈使垂直向下的双手掌转成手心向下。

（4）两手慢慢相合，掌心相对。

（5）两手和捧起茶道组（或茶叶罐等立式物品），并将捧起的茶道组端至胸前。

（6）双手沿弧形轨迹将捧起的茶道组移向应安放的位置。

（7）再去捧取第二件物品，直到动作完毕复位。多用于捧取茶样罐、茶匙筒、花瓶等立式物件。

2. 捧取法（男士）

（1）准备姿势：男士亮相时两手半握拳搭靠在深浅桌沿，两手距离大约与肩同宽。

（2）单手提起，张开虎口握住物体的基部，收支自己的胸前，将物体平移到一定位置。

（3）或双手提起，合抱捧住物体基部，收至自己的胸前，沿弧形轨迹将物体安放到一定位置。

以女性坐姿为例，搭于胸前或前方桌沿的双手慢慢向西侧平移到肩宽，向前合抱欲望取的物件，双手掌心相对捧住基部移到需安放的位置，轻轻放下后双手回收，再去捧取第二件物品，直到动作完毕复位。多用于捧取茶样罐、茶匙筒、花瓶等立式物件。

3. 端取法(女士)

(1) 双手向内旋转,两拇指尖相对,另四指向掌心屈伸呈弧形。
(2) 继续内转手腕,使拇指尖转向下,另四指向掌心屈伸呈弧形。
(3) 两手心相对并接近茶杯(或茶荷等物件)。
(4) 将茶杯端起后平移至所需位置。
(5) 动作完成后双手合拢收回。

4. 端取法(男士)

双手伸出及收回的动作同前法。端物件时双手手心向上,掌心下凹作"荷叶"状,平稳移动物件。多用于端取赏茶盘、茶巾盘、茶点、茶杯等。

六、茶巾的折取法

茶巾是茶艺冲泡中必不可少的一件物品,能使茶艺师在冲泡过程中保持茶盘与器具的清洁。多为柔软材质,较吸水。

1. 长方形(八层式)(见图 5-7)

长方形(八层式)茶巾用于杯(盖碗)泡法时,以此法折叠茶巾是呈长方形放茶巾盘内。以横折为例,将正方形的茶巾平铺桌面,将茶巾上下对应横折至中心线处,接着将左右两端竖折至中心线,最后将茶巾竖着对折即可。将折好的茶巾放在茶盘内,折口朝内。

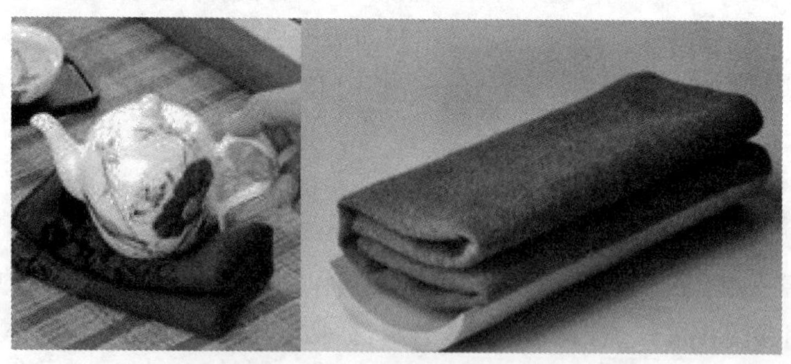

图 5-7 长方形(八层式)茶巾的折叠

2. 正方形(九层式)(见图 5-8)

正方形(九层式)茶巾用于壶泡法时,不用茶巾盘。以横折法为例,将正方形的茶巾平铺桌面,将下端向上平折至茶巾 2/3 处,接着将茶巾对折,然后将茶巾右端向左竖折

至 2/3 处，最后对折即成正方形。将折好的茶巾放茶盘中，折口朝内。

图 5-8　正方形(九层式)茶巾的折叠

3. 长方形(见图 5-9)

正方形的茶巾平铺桌面，先将茶巾对折，然后将茶巾折到 1/4 处，再折到 3/4 处，最后成长方形，将茶巾放茶盘中，折口朝内。

图 5-9　长方形茶巾的折叠

任务二　冲泡技法

一、玻璃杯冲泡绿茶茶艺

用晶莹剔透的玻璃杯冲泡茶叶可充分欣赏茶叶在茶汤中的舒展和汤色，玻璃杯适合冲泡细嫩名优绿茶、黄茶、白茶等。

(一) 备具列表

序号	名称	规　格	数量
1	茶艺台、凳	高 75 cm×长 120 cm×宽 60 cm;凳高 44 cm	1
2	竹盘	42 cm×30 cm	1
3	茶杯	规格:200 mL　高度:8.0 cm　直径:6.5 cm	3
4	白瓷茶荷	10.4 cm×8 cm	1
5	茶托	直径:11.2 cm	3
6	玻璃茶壶	规格:0.8 L	1
7	水盂	最大处直径:12.0 cm	1
8	茶巾	30 cm×30 cm	1
9	玻璃茶叶罐	规格:375 mL　高度:12 cm　直径:7.8 cm	1
10	竹色茶道组	15 cm×4.5 cm	1
11	奉茶盘	32.6 cm×21.4 cm	1

(二) 择水

绿茶，茶汤青翠，芽锋显露;清纯甘鲜，淡而有味。因绿茶属芽茶类，茶叶细嫩，若用 100 ℃的开水直接冲泡就会使茶叶受损，茶汤变黄，味道也变得苦涩，所以泡绿茶水温应控制在 80 ℃左右，这样沏出来的茶，汤色清碧，清心爽口。

(三) 玻璃杯冲泡绿茶步骤

1. 冲泡技法

(1) 上投法。先将开水注入杯中约七分满的程度，待水温凉至 75 ℃左右时，将茶叶投入杯中，稍后即可品茶。细嫩名优绿茶一般用上投法，如洞庭碧螺春、信阳毛尖。

(2) 中投法。先将开水注入杯中约 1/3 处，待水温凉至 80 ℃左右时，将茶叶投入杯中少顷，再将约 80 ℃的开水徐徐加入杯的七分满处，稍后即可品茶。一般如黄山毛峰、六安瓜片、绿阳春等大多采用中投法。

(3) 下投法。先将茶叶投入杯中，再用 85 ℃左右的开水加入其中约 1/3 处，约 15 秒后再向杯中注入 85 ℃的开水至七分满处，稍后即可品茶。如西湖龙井大多采用下投法。

2. 冲泡流程

布席—备具—备水—翻杯—赏茶—润杯—置茶—浸润泡—摇香—冲泡—奉茶—收具。

(1) 布席

摆正桌椅，将 3 个玻璃杯(带杯托倒置)、茶壶、水盂、茶荷、茶道组、茶叶罐、茶巾放置在竹盘上。茶艺师端上放置茶具的竹盘置于茶桌中间，距离茶桌中间内沿 10 厘米左右，奉茶盘放置在茶桌的右下方。

(2) 备具

茶艺师双手捧玻璃茶壶到竹茶盘右前角桌上，捧茶道组到竹茶盘左前角桌，捧水盂到玻璃茶壶后侧，捧茶叶罐到竹茶盘后侧，赏茶荷到茶盘左后侧，茶巾到茶盘正后方，3 个玻璃杯成行排列在茶盘上。

(3) 备水

在茶艺演示场合，通常通过预加热，装在暖水瓶中备用。茶艺师用拇指、食指和中指提壶盖，按逆时针轨迹置壶盖于茶巾上，侧身弯腰提暖水瓶，打开瓶塞，向玻璃水壶内注入适量热水，暖水瓶归位，壶盖逆向覆盖。

(4) 翻杯

右手虎口向下，手背向左握住茶杯的左侧基杯身，左手位于右手手腕下方，用大拇指和虎口轻托茶杯的右侧基部或杯身；双手同时翻杯，成双手相对捧住茶杯，然后轻放在杯托上。

(5) 赏茶

双手捧起贮茶罐，两手食指同时用力向上推盖子，盖松后左手持罐，右手虎口向下，用大拇指与食指捏住罐盖，转动手腕把盖子放置在茶巾上；左手继续持罐横握，右手大拇指，食指，中指和无名指四指捏茶则柄，将茶叶从贮茶罐中取出置入茶荷中，放茶则入茶道组中，双手捧起茶荷呈 45 度倾斜按逆时针方向赏茶一周。

(6) 润杯

右手提随手泡逆时针方向回旋注水，按从右到左顺序置 1/3 玻璃杯，左手托杯底，右手持 2/3 玻璃杯右侧，按逆时针旋转一周清洗玻璃杯壁后，将洗杯水倒入水盂。

(7) 置茶

双手捧起赏茶荷后左手托茶荷，右手大拇指，食指和中指捏住茶匙柄，倾斜茶荷后从出茶口用茶匙拨茶叶入玻璃杯。

(8) 浸润泡和摇香

按照润杯手法，使茶叶与热水充分接触，散发茶香。

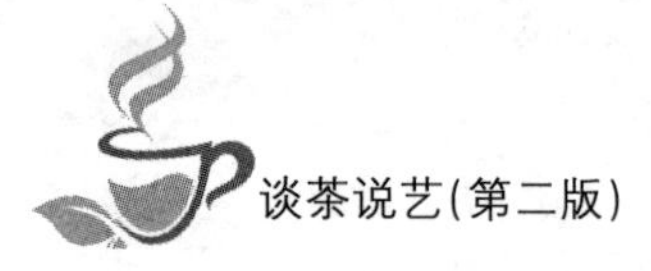

(9) 冲泡

右手提随手泡,用“凤凰三点头”的方式注水置玻璃杯七分满。

(10) 奉茶

从座位侧拿起奉茶盘放在茶桌右侧,将玻璃杯从右到左的顺序端起置于奉茶盘内,双手端起奉茶盘,起身后奉茶到评委正前方,蹲姿敬茶后回到茶桌前坐正。

(11) 收具

茶艺师双手捧玻璃茶壶、茶道组、水盂、茶叶罐、赏茶荷、茶巾到竹茶盘备具方位。

(四) 茶艺表演解说词参考

1. 洞庭碧螺春茶艺表演及解说词

看,碧波荡漾的太湖白云蓝天、水天一色,行舟你追我赶;粉墙黛瓦的陆巷古街上,斑驳的墙面掩映着庭院深深。惟妙惟肖的紫金庵彩塑罗汉,充满世态人情。蔽覆霜雪,掩映秋阳的东山茶山上,茶树、果树枝丫相连,根脉相通,茶吸果香,花窨茶味,陶冶着碧螺春花香果味的天然品质。

我们用采自苏州洞庭特级碧螺春,来为现场的各位嘉宾表演精心创制的碧螺春茶艺。

水为茶之母,茶者水之神也,水者茶之体也,茶为水之神,水为茶之体,茶水是神与形体的交融合一,那么我们就用这圣洁的茶水,浸淋双手,使之达到心静、平和的目的。

第一道:茶器名鉴

碧螺春是细嫩的名贵绿茶,便于充分欣赏它的外形、内质。从而在择具上,我们选用了这种通灵剔透的玻璃杯与之搭配。

第二道:洁器清心

韦应物在《喜园中茶生》这首诗中提道:“性洁不可污,为饮涤尘烦。此物信灵味,本自出山原。”出自山原的茶叶,天然具备清苦、清洁、清淡、清平等自然特性。所以要求冲泡器皿、水清玉洁、一尘不染。

第三道:玉壶含烟

碧螺春条索纤细细嫩,只能用 80 ℃左右的开水,我们敞着壶,让壶中开水随着水汽蒸发而自然降温。

第四道:碧螺亮相

我们今天选用的特级碧螺春,碧螺春有“四绝”——“形美、色艳、香浓、味醇”,赏茶是欣赏它的第一绝:“形美”。生产一斤特级碧螺春约须采摘七万个嫩芽,你看它条索纤细、卷曲成螺、满身披毫、银白隐翠,再闻干茶茶香,清新淡雅,耐人寻味。

第五道:喜迎贵客

“凤凰三点头”注水,在此我们代表某茶艺表演队欢迎各位贵客的到来。

第六道:飞雪沉江

满身披毫、银白隐翠的碧螺春如雪花纷纷扬扬飘落到杯中,吸收水分后即向下沉,

瞬时间白云翻滚，雪花翻飞，煞是好看。

第七道：入液赏色

碧螺春汤色逐渐变为绿色，整个茶杯好像盛满了春天的气息。

第八道：奉茶敬宾

一杯洞庭碧螺春在手，无论在何时何地，即便是严寒的冬天，也会让你在享受鲜醇甘露的同时，感受到盎然的春意，想到苏州东山满山苍翠、果树遍野；茶叶吸果香、果花窨茶味。

第九道：领悟茶韵

品饮碧螺春茶要一看、二闻、三品味。看，婀娜的舞姿，把我们带入了唯美的境界。看着茶叶在水中舞蹈，闻着碧螺春茶的幽香，品着滋润心脾的茶汤，让我们更多感受到的是，碧螺春茶所传递的太湖春天般的气息和吴中洞庭山水盎然的生机，真的好似“神游三山去，何似在人间”。谢谢朋友们的品尝，谢谢大家的观赏。

2. 西湖龙井茶艺表演及解说词

“天下西湖三十六，杭州西湖最明秀”。杭州西湖三面云山一面城，水光潋滟百媚生，这里受钱塘江朝云暮雨的滋润，得吴越灵山秀水的精华，所产的龙井茶集“色绿、香郁、味甘、形美”四绝于一身，曾被清代乾隆皇帝赐封为“御茶”。今天我们请各位品饮西湖龙井茶。

第一道：焚香除妄念

自古文人认为龙井茶是润泽心灵的琼浆，澡雪心性的甘露，所以在品茶前要点上一支香，使人心平气和，妄念不生。

第二道：冰心去凡尘

龙井茶是至清至洁，天涵地育的灵物，泡茶时要求所用的器皿也必须至清至洁。冰心去凡尘，就是把干净的玻璃杯再烫洗一遍，以示尊敬。

第三道：玉壶养太和

因为我们所冲泡的西湖龙井茶极其细嫩，若直接用开水冲泡易烫熟了茶芽，造成熟汤失味。所以我们敞着壶，让水温降到 80 ℃左右，这样冲泡龙井才能达到色绿、香郁、茶汤鲜爽甘美。

第四道：清宫迎佳人

苏东坡有诗云：“戏作小诗君一笑，从来佳茗似佳人。”他把优质名茶比喻成让人一见倾心的绝代佳人。“清宫迎佳人”即用茶则轻柔地把茶叶投入玻璃杯中。

第五道：甘露润莲心

乾隆皇帝把细嫩的龙井称为“润心莲”。冲泡特级龙井宜用中投法。就是在投茶后要先向杯中注入少许热水，待润茶后再正式冲泡。

第六道：凤凰三点头

冲水时手持水壶有节奏地三起三落而水流不间断。这种冲水的手法形象地称之为“凤凰三点头”，表示向嘉宾点头致意。

第七道:观音捧玉瓶

向客人奉茶,祝好人一生平安。

第八道:春波展旗枪

春波展旗枪也称为"杯中看茶舞",这是龙井茶艺的特色程序。请看,杯中的热水染上了生命的绿色,茶芽在热水中逐渐苏醒,舒展开它美妙的身姿,尖尖的茶芽如枪,展开的叶片如旗。一芽一叶的称为旗枪,两叶抱一芽的称为雀舌。有的茶芽簇立在杯底,像一位佳人在水中央;有的茶芽斜依在杯底的如春兰初绽,杯中动静相宜,十分生动有趣。

第九道:品饮茶韵

品饮龙井要一看,二闻,三品味。未品甘露味,先闻圣妙香。龙井茶的香为豆花香,这种香郁于兰而胜于兰,它清幽淡雅。乾隆皇帝闻香后诗兴大发说:"古梅对我吹幽芳"。来,让我们用心去感悟龙井茶这来自天堂,启人心智,通人心窍的圣妙香。

第十道:淡中品至味

品龙井茶:"一漱如饮甘露液,啜之泠泠馨齿牙。"清代著名茶人陆次之形容说:"龙井茶,甘香而不冽,啜之淡然,似乎无味,饮过之后,似有一股太和之气弥散于齿颊之间。此无味之味,乃至味也"! 现在请大家慢慢啜、细细品,让龙井茶的太和之气,沁入我们的肺腑,使我们益寿延年。让龙井茶无味的滋味,启迪我们的性灵,使我们对生活有更深刻的感悟!

二、玻璃杯冲泡白茶茶艺

(一) 茶具列表

序号	名称	规　格	数量
1	茶艺台、凳	高 75 cm×长 120 cm×宽 60 cm;凳高 44 cm	1
2	竹盘	42 cm×30 cm	1
3	茶杯	规格:200 mL　高度:8.0 cm　直径:6.5 cm	3
4	白瓷茶荷	10.4 cm×8 cm	1
5	茶托	直径:11.2 cm	3
6	玻璃茶壶	规格:0.8 L	1
7	水盂	最大处直径:12.0 cm	1
8	茶巾	30 cm×30 cm	1
9	玻璃茶叶罐	规格:375 mL　高度:12 cm　直径:7.8 cm	1
10	竹色茶道组	15 cm×4.5 cm	1
11	奉茶盘	32.6 cm×21.4 cm	1

(二) 择水

由于白茶较细嫩，叶子较薄，所以冲泡时水温不宜太高，一般掌握在 80 ℃～85 ℃为宜。最好选用山泉水或矿泉水。

(三) 步骤

同玻璃杯冲泡绿茶茶艺。

(四) 白毫银针茶艺表演解说词参考

白茶被称为年青的古老茶类，号称“茶叶的活化石”，明朝李时珍《本草纲目》中说，茶生于崖林之间，味苦，性寒凉，具有解毒、利尿、少寝、解暑、润肤等功效。古代和现代医学科学证实，白茶是保健功能最周全的一个茶类，具有抗辐射、抗氧化、抗肿瘤、降血压、降血脂、降血糖的功能。而白茶又分为白毫银针、白牡丹、寿眉和新工艺白茶等，亦称侨销茶，旧日品白茶是贵奢的象征。欲知白茶的风味若何，让我们一起来领略。

第一道：焚喷香礼圣，净气凝思

唐代撰写《茶经》的陆羽，被后人尊为“茶圣”。点燃一柱高喷香，以示对这位茶学家的崇敬。

第二道：白毫银针，青春初展

冲泡白茶用玻璃杯或瓷壶为佳。白毫银针是茶叶珍品，融茶之甘旨，花之喷香于一体。白毫银针采摘于明前肥壮之单芽，经萎凋、低温烘(晒)干、捡剔、复火等工序建造而成。这里选用的“白毫银针”是福鼎所产的珍品白茶，曾多次荣获国家名茶称号，请鉴赏她全身满披白毫、纤纤芬芳的外形。

第三道：流云佛月，洁具清尘

我们选用的是玻璃杯，可以鉴赏银针在热水中上下翻腾，相溶交织的情景。用沸腾的水温杯，不仅为了洁净，也为了茶叶内含物能更快地释放。

第四道：静心置茶，纤手播芳

置茶要有心思。要看杯的巨细，也要考虑饮者的喜好。北方人和外国人饮白茶，讲究喷香高浓醇，可置茶 7～8 克，南方喜欢清醇，置茶量可恰当削减，即使冲泡量多，但也不会对肠胃发生刺激。

第五道：雨润白毫，匀香待芳

此刻为您送上的是白茶珍品“白毫银针”茶，此茶披满白毫，所以被我们称为“雨润白毫”。先注滚水适量，温润茶芽，轻轻摇摆，叫作“匀喷香”。

第六道：乳泉哃水，甘露源清

好茶要有好水。茶圣陆羽说，泡茶最好的水是山间乳泉，江中清流次之，然后才是井水。也许是乳泉含有微量有益矿物质的缘故。温润茶芽之后，悬壶高冲，使白毫银针茶在杯中翩翩起舞，犹如仙女下凡，蔚为壮观，并加快有效成分的释放，能欣赏到白毫银针在水中亭亭玉立的美姿,稍后还会留给我们赏心悦目的杏黄色茶水。

第七道:捧杯奉茶,玉女献珍

茶来自大自然云雾山中,带给人间美好的真诚。一杯白茶在手,万千烦恼皆休。愿您与茶结缘,做高品位的现代人。现在为您奉上的是白茶珍品“白毫银针”。

第八道:春风拂面,白茶品香

啜饮之后,也许您会有一种不可言喻的香醇喜悦之感,她的甘甜,清冽,不同于其他茶类。让我们共同来感受自然,分享健康。今天的白茶茶艺表演到此结束,谢谢各位嘉宾的观赏,让我们以茶会友,期待下一次美妙的重逢。

三、玻璃杯冲泡黄茶茶艺

(一) 茶具列表

序号	名称	规　格	数量
1	茶艺台、凳	高 75 cm×长 120 cm×宽 60 cm;凳高 44 cm	1
2	竹盘	42 cm×30 cm	1
3	茶杯	规格:200 mL　高度:8.0 cm　直径:6.5 cm	3
4	白瓷茶荷	10.4 cm×8 cm	1
5	茶托	直径:11.2 cm	3
6	玻璃茶壶	规格:0.8 L	1
7	水盂	最大处直径:12.0 cm	1
8	茶巾	30 cm×30 cm	1
9	玻璃茶叶罐	规格:375 mL　高度:12 cm　直径:7.8 cm	1
10	竹色茶道组	15 cm×4.5 cm	1
11	奉茶盘	32.6 cm×21.4 cm	1

(二) 择水

一般掌握在 80 ℃～85 ℃为宜。最好选用山泉水或矿泉水。

(三) 步骤

同玻璃杯冲泡绿茶茶艺。

(四) 君山银针茶艺表演解说词参考

今天很高兴能和各位嘉宾一同品饮黄茶中的极品——君山银针。君山银针产于洞庭湖中的君山岛。“洞庭天下水”,八百里洞庭“气蒸云梦泽,波撼岳阳城”,每一朵浪花都在诉说着中华文化的无限。“君山神仙岛”，小小的君山岛上堆积满了中华民族的故事。这里有舜帝的两个爱妃娥皇、女英之墓，这里有秦始皇的封山石刻，这里有至今仍在流淌着爱情传说的柳毅井，这里还有李白、杜甫、白居易、范仲淹、陆游等中华民族精英留下的足迹。这里所产的茶吸收了湘楚大地的精华，尽得云梦七泽的灵气，所以风味奇特，极耐品味。好茶还要配好的茶艺，下边就由我为各位嘉宾献上“君山银针”茶艺。

第一道：焚香

我们称为“焚香静气可通灵”。“茶须静品，香可通灵。”品饮像君山银针这样文化沉积厚重的茶，更需要我们静下心来，才能从茶中品味出我们中华民族的传统精神。

第二道：涤器

我们称为“涤尽凡尘心自清”。品茶的过程是茶人澡雪自己心灵的过程，烹茶涤器，不仅是洗净茶具上的尘埃，更重要的是在澡雪茶人的灵魂。

第三道：鉴茶

我们称为“娥皇女英展仙姿”。品茶之前首先要鉴赏干茶的外形、色泽和气味。相传四千多年前舜帝南巡，不幸驾崩于九嶷山下，他的两个爱妃娥皇和女英前来奔丧，在君山望着烟波浩渺的洞庭湖放声痛哭，她们的泪水洒到竹子上，使竹竿染上永不消退的斑斑泪痕，成为湘妃竹。她们的泪水滴到君山的土地上，君山上便长出了象征忠贞爱情的植物——茶。茶是娥皇女英的真情化育出的灵物，所以请各位传看“君山银针”，称为“娥皇女英展仙姿”。

第四道：投茶

投茶称为“帝子沉湖千古情”，娥皇、女英是尧帝的女儿，所以也称为“帝子”。她们为奔夫丧时乘船到洞庭湖，船被风浪打翻而沉入水中。她们对舜帝的真情被世人们传颂千古。

第五道：润茶

我们称为“洞庭波涌连天雪”。这道程序是洗茶、润茶。洞庭湖一带的老百姓把湖中不起白花的小浪称之为“波”，把起白花的浪称为“涌”。在洗茶时，通过悬壶高冲，玻璃杯中会泛起一层白色泡沫，所以形象地称为“洞庭波涌连天雪”。冲茶后，杯中的水应尽快倒进茶池，以免泡久了造成茶中的养分流失。

第六道：冲水

因为这次冲水是第二次冲水，所以我们称为“碧涛再撼岳阳城”。这次冲水只可冲到七分杯。

第七道：闻香

我们称为“楚云香染楚王梦”。通过洗茶和温润之后，再冲入开水，君山银针的茶香即随着热气而散发。洞庭湖古属楚国，杯中的水气伴着茶香氤氲上升，如香云缭绕，故称楚云。“楚王梦”是套用楚王巫山梦神女，朝为云，暮为雨的典故，形容茶香如梦亦如幻，时而清悠淡雅，时而浓郁醉人。

第八道：赏茶

赏茶也称为“看茶舞”，这是冲泡君山银针的特色程序。君山银针的茶芽在热水的

浸泡下慢慢舒展开来，芽尖朝上，蒂头下垂，在水中忽升忽降，时沉时浮，经过"三浮三沉"之后，最后竖立于坯底，随水波晃动，像是娥皇、女英落水后苏醒过来，在水下舞蹈。芽光水色，浑然一体，碧波绿芽，相映成趣，煞是好看。我国自古有"湘女多情"之说，您看杯中的湘灵正在为你献舞，这浓浓的茶水恰似湘灵浓浓的情。

第九道:品茶

我们称为"人生三味一杯里"。品君山银针讲究要在一杯茶中品出三种味。即从第一道茶中品出湘君芬芳的清泪之味。从第二道茶中品出柳毅为小龙女传书后，在碧云宫中尝到的甘露之味。第三道茶要品出君山银针这潇湘灵物所携带的大自然的无穷妙味。好！请大家慢慢地细品这杯中的三种滋味。

第十道:谢茶

我们称为"品罢寸心逐白云"。这是精神上的升华，也是我们茶人的追求。品了三道茶之后，是像吕洞宾一样"明心见性，浪游世外我为真"，还是像清代巴陵邑宰陈大纲一样"四面湖山归眼底，万家忧乐到心头。"

四、瓷盖瓯冲泡花茶茶艺

(一) 茶具列表

序号	名称	规　格	数量
1	茶艺台、凳	高 75 cm×长 120 cm×宽 60 cm;凳高 44 cm	1
2	竹盘	42 cm×30 cm	1
3	盖碗	规格:150 mL	4
4	白瓷茶荷	10.4 cm×8 cm	1
5	玻璃茶壶	规格:0.8 L	1
6	水盂	最大处直径:12.0 cm	1
7	茶巾	30 cm×30 cm	1
8	茶叶罐	规格:375 mL　高度:12 cm　直径:7.8 cm	1
9	茶道组	15 cm×4.5 cm	1
10	奉茶盘	32.6 cm×21.4 cm	1

(二) 择水

一般掌握在 90 ℃～95 ℃为宜。最好选用山泉水或矿泉水。

(三) 步骤

布席—备具—备水—赏茶—润杯—置茶—浸润泡—摇香—冲泡—奉茶—收具。

(1) 布席

摆正桌椅，将 4 个盖碗、茶壶、水盂、茶荷、茶道组、茶叶罐、茶巾放置在竹盘上。茶艺师端上放置茶具的竹盘置于茶桌中间，距离茶桌中间内沿 10 厘米左右。奉茶盘放置在茶桌的右下方。

(2) 备具

同玻璃杯冲泡绿茶茶艺。

(3) 备水

同玻璃杯冲泡绿茶茶艺。

(4) 赏茶

同玻璃杯冲泡绿茶茶艺。

(5) 润杯

用右手食指，拇指，中指提起盖碗盖放在盖托右侧后右手提随手泡逆时针方向回旋注水按从右到左顺序置 1/2 盖碗，左手托杯底，右手持 2/3 盖碗杯右侧按逆时针旋转一周清洗盖碗壁后将洗杯水倒入水盂。

(6) 置茶

同玻璃杯冲泡绿茶茶艺。

(7) 浸润泡和摇香

按照润杯手法，使茶叶与热水充分接触，散发茶香。

(8) 冲泡

右手提随手泡，用凤凰三点头的方式注水置盖碗七分满。

(9) 奉茶

同玻璃杯冲泡绿茶茶艺。

(10) 收具

同玻璃杯冲泡绿茶茶艺。

(四) 茉莉花茶茶艺表演解说词参考

花茶是诗一般的茶，它融茶之韵与花香于一体，通过“引花香，增茶味”，使花香茶味珠联璧合，相得益彰。从花茶中，我们可以品出春天的气息。所以在冲泡和品饮花茶时也要求有诗一样的程序。

第一道：烫杯

我们称这道工序“竹外桃花三两枝，春江水暖鸭先知”，这是苏东坡的一句名诗，苏东坡不仅是一个多才多艺的大文豪，而且是一个至情至性的茶人。借助苏东坡的这句诗描述烫杯，请各位充分发挥自己的想象力，看一看在茶盘中经过开水烫洗之后，冒着热气的、洁白如玉的茶杯，像不像一只只在春江中游泳的小鸭子？

第二道：赏茶

我们称为“香花绿叶相扶持”。赏茶也称为“目品”。“目品”是花茶三品（目品、鼻品、口品）中的头一品，目的即观察鉴赏花茶茶坯的质量，主要观察茶坯的品种、工艺、细

嫩程度及保管质量。

如特极茉莉花茶:这种花茶的茶坯多为优质绿茶,茶坯色绿质嫩,在茶中还混有少量的茉莉花干花,干的色泽应白净明亮,这称之为“锦上添花”。在用肉眼观察了茶坯之后,还要干闻花茶的香气。通过上述鉴赏,我们一定会感到好的花茶确实是“香花绿叶相扶持”,极富诗意,令人心醉。

第三道:投茶

我们称为“落英缤纷玉杯里”。“落英缤纷”是晋代文学家陶渊明先生在《桃花源记》一文中描述的美景。当我们用茶导把花茶从茶荷中拨进洁白如玉的茶杯时,花干和茶叶飘然而下,恰似“落英缤纷”。

第四道:冲水

我们称为“春潮带雨晚来急”。冲泡花茶也讲究“高冲水”。冲泡特极茉莉花时,要用 90℃左右的开水。热水从壶中直泄而下,注入杯中,杯中的花茶随水浪上下翻滚,恰似“春潮带雨晚来急”。

第五道:闷茶

我们称为“三才化育甘露美”。冲泡花茶一般要用“三才杯”,茶杯的盖代表“天”,杯托代表“地”,茶杯代表“人”。人们认为茶是“天涵之,地载之,人育之”的灵物。

第六道:敬茶

我们称为“一盏香茗奉知己”。敬茶时应双手捧杯,举杯齐眉,注目嘉宾并行点头礼,然后从右到左,依次一杯一杯地把沏好的茶敬奉给客人,最后一杯留给自己。

第七道:闻香

我们称为“杯里清香浮清趣”。闻香也称为“鼻品”,这是三品花茶中的第二品。品花茶讲究“未尝甘露味,先闻圣妙香”。闻香时“三才杯”的天、地、人不可分离,应用左手端起杯托,右手轻轻地将杯盖揭开一条缝,从缝隙中去闻香。闻香时主要看三项指标:一闻香气的鲜灵度,二闻香气的浓郁度,三闻香气的纯度。细心地闻优质花茶的茶香,是一种精神享受,一定会感悟到在“天、地、人”之间,有一股新鲜、浓郁、纯正、清和的花香伴随着清悠高雅的花香,沁入心脾,使人陶醉。

第八道:品茶

我们称为“舌端甘苦入心底”。品茶是指三品花茶的最后一品:口品。在品茶时依然是天、地、人三才杯不分离,依然是用左手托杯,右手将杯盖的前沿下压,后沿翘起,然后从开缝中品茶,品茶时应小口喝入茶汤。

第九道:回味

我们称为“茶味人生细品悟”。人们认为一杯茶中有人生百味,无论茶是苦涩、甘鲜还是平和、醇厚,从一杯茶中人们都会有良好的感悟和联想,所以品茶重在回味。

第十道:谢茶

我们称为“饮罢两腋清风起”。唐代诗人卢仝的诗中写出了品茶的绝妙感觉。他写道:“一碗喉吻润,两碗破孤闷。三碗搜枯肠,唯有文字五千卷。四碗发轻汗,平生不平事,尽向毛孔散。五碗肌骨清,六碗通仙灵。七碗吃不得也,唯觉两腋习习清风生。

五、紫砂壶冲泡乌龙茶工夫茶艺

（一）茶具列表

序号	名称	规　格	数量
1	茶艺台、凳	高 75 cm×长 120 cm×宽 60 cm；凳高 44 cm	1
2	奉茶盘	33 cm×22 cm	1
3	紫砂品茗杯	高度：5 cm　直径：3.2 cm	4
4	白瓷茶荷	10.4 cm×8 cm	1
5	杯托	长宽：10.5 cm　宽度：5.5 cm	4
6	提梁壶	容量：800 mL　高度：20 cm　宽度：14 cm	1
7	紫砂壶	规格：150 mL　口直径：13.5 cm　底直径：7.0 cm　高度：5.0 cm	1
8	茶巾	30 cm×30 cm	1
9	茶叶罐	高度：11 cm　直径：6 cm	1
10	双层茶盘	46 cm×29 cm	1
11	茶道组	15 cm×4.5 cm	1
12	紫砂闻香杯	高度：5 cm　直径：3.2 cm	4

（二）择水

一般掌握在 100 ℃沸水为宜。最好选用山泉水或矿泉水。

（三）步骤

布席—备具—备水—翻杯—赏茶—温壶—置茶—温润泡—壶中续水冲泡—温品茗杯及闻香杯—倒茶分茶—奉茶—收具。

（1）布席

摆正桌椅，将 4 个闻香杯（倒置），品茗杯（倒置）、茶壶、水盂、茶荷、茶道组、茶叶罐、茶巾，杯托放置在竹盘上。茶艺师端上放置茶具的竹盘置于茶桌中间，距离茶桌中间内沿 10 厘米左右。奉茶盘放置在茶桌的右下方。

（2）备具

茶艺师双手捧玻璃茶壶到竹茶盘右前角桌上，捧茶道组到竹茶盘左前角桌，捧水盂到玻璃茶壶后侧，捧茶叶罐到竹茶盘后侧，赏茶荷到茶盘左后侧，茶巾到茶盘正后方，4 个品茗杯和闻香杯成行排列在茶盘上。

（3）备水

在茶艺演示场合,通常通过预加热,装在暖水瓶中备用。茶艺师用拇指、食指和中指提壶盖,按逆时针轨迹置壶盖于茶巾上,侧身弯腰提暖水瓶,打开瓶塞,向玻璃水壶内注入适量热水,暖水瓶归位,壶盖逆向覆盖。

(4) 翻杯

右手虎口向下,手背向左握住品茗杯或闻香杯的左侧基杯身单手翻杯。

(5) 赏茶

同玻璃杯冲泡绿茶茶艺。

(6) 温壶

拇指、食指、中指捏壶盖按逆时针方向打开放在茶盘上,右手提随手泡,按逆时针回旋注水法注入 1/2 壶,盖上壶盖。右手拇指、食指、中指提壶柄,左手托壶底按逆时针方向旋转紫砂壶一圈后将弃水倒入茶盘。

(7) 置茶

拇指、食指、中指捏壶盖按逆时针方向打开放在茶盘上,双手捧起茶荷后右手取茶匙,将茶叶拨弄到紫砂壶内。

(8) 温润泡

右手提随手泡,按逆时针回旋注水法注入 1/2 壶,盖上壶盖。右手拇指、食指、中指提壶柄,左手托壶底按逆时针方向旋转紫砂壶一圈后将弃水按照从左到右的顺序倒入品茗杯和闻香杯中。

(9) 壶中续水冲泡

右手提随手泡,按逆时针回旋注水法注满壶,盖上壶盖。

(10) 温品茗杯及闻香杯

右手持茶夹,夹住品茗杯(闻香杯)的内侧壁,逆时针旋转一圈后将弃水倒入茶盘。

(11) 倒茶分茶

右手拇指、中指提壶柄,食指抵住壶盖的出气孔垂直手腕将茶汤按照从左至右的顺序倒入闻香杯 7 分满。

(12) 奉茶

双手展开,用左右手的拇指、食指、中指握住品茗杯倒扣在闻香杯上后用食指和中指夹住闻香杯两侧,拇指抵住品茗杯杯底后翻杯用毛巾擦拭品茗杯底后放在杯托上,依次按照从左到右的顺序放置。从座位侧拿起奉茶盘放在茶桌右侧,双手捧杯托从右到左的顺序端起置于奉茶盘内,双手端起奉茶盘,起身后奉茶到评委正前方,蹲姿敬茶后回到茶桌前坐正。

(13) 收具

茶艺师双手捧随手泡、茶道组、茶叶罐、赏茶荷、茶巾到双层茶盘备具方位。

(四) 铁观音茶艺表演解说词参考

第一道:“孔雀开屏”

这是孔雀向它的同伴展示它美丽的羽毛,在铁观音茶叶的泡法之前,让我借“孔雀开屏”这道程序向大家展示铁观音典雅精美，工艺独特的工夫茶具。茶盘：用来陈设茶具及盛装不喝的余水。宜兴紫砂壶：也称孟臣壶。茶海：也称茶盅，与茶滤合用起到过滤茶渣的作用，使茶汤更加清澈亮丽。闻香杯：因其杯身高，口径小，用于闻香，有留香持久的作用。品茗杯：用来品茗和观赏茶汤。茶道一组，内有五件。茶漏，放置壶口，扩大壶嘴，防止茶叶外漏。茶则，量取茶叶。茶夹，夹取品茗杯和闻香杯。茶匙，拨取茶叶。茶针，疏通壶口。茶托，托取闻香杯和品茗杯。茶巾，拈拭壶底及杯底的余水。随手泡了一种为泡茶设计的电水壶，保证泡茶过程的水温。

第二道：火煮山泉

泡茶用水极为讲究，宋代大文豪苏东坡是一个精通茶道的茶人，他总结泡茶的经验“活水还须活火烹”活煮甘泉，即用旺火来煮沸壶中的山泉水，今天我们选用的是纯净水。

第三道：叶嘉酬宾

叶嘉是宋代诗人苏东坡对茶叶的美称，叶嘉酬宾是请大家鉴赏茶叶，可看其外形、色泽，以及嗅闻香气。这是铁观音，其颜色青中常翠，外形为包揉形，以匀称、紧结、完整为上品。

第四道：孟臣沐淋

孟臣是明代的制壶名家（惠孟臣），后人将孟臣代指各种名贵的紫砂壶，因为紫砂壶有保温、保味、聚香的特点，泡茶前我们用沸水淋浇壶身可起到保持壶温的作用。亦可借此为各位嘉宾接风洗臣，洗去一路风尘。

第五道：若琛出浴

茶是至清至洁，天寒地域的灵物，用开水烫洗一下，原本干净的品茗杯和闻香杯。使杯身杯底做到至清至洁，一尘不染，也是对各位嘉宾的尊敬。

第六道：乌龙入宫

茶似乌龙，壶似宫殿，取茶通常取壶的二分之一处，这主要取决于大家的浓淡口味，诗人苏轼把乌龙入宫比做佳人入室，他言：“戏作小诗君勿笑，从来佳茗似佳人”，在诗句中把上好的乌龙茶比作让人一见倾心的绝代佳人，轻移莲步，使得满室生香，形容乌龙茶的美好。

第七道：高山流水

茶艺讲究高冲水，低斟茶。

第八道：春风拂面

用壶盖轻轻推掉壶口的茶沫。乌龙茶讲究“头泡汤，二泡茶，三泡四泡是精华”。工夫茶的第一遍茶汤，我们一般只用来洗茶，俗称温润泡，亦可用于养壶。

第九道：重洗仙颜

意喻着第二次冲水，淋浇壶身，保持壶温。让茶叶在壶中充分的释放香韵。

第十道：游山玩水

工夫茶的浸泡时间非常讲究，过长苦涩，过短则无味，因此要在最佳时间将茶汤倒出。

第十一道:祥龙行雨

取其“甘霖普降”的吉祥之意。“凤凰点头”象征着向各位嘉宾行礼致敬。

第十二道:珠联璧合

我们将品茗杯扣于闻香杯上,将香气保留在闻香杯内,称为“珠连璧合”。在此祝各位嘉宾家庭幸福美满。

第十三道:鲤鱼翻身

中国古代神话传说,鲤鱼翻身跃过龙门可化龙上天而去,我们借这道程序,祝福在座的各位嘉宾跳跃一切阻碍,事业发达。

第十四道:敬奉香茗

坐酌淋淋水,看间涩涩尘,无由持一碗,敬于爱茶人。

第十五道:喜闻幽香

请各位轻轻提取闻香杯呈45℃,这称为花好月圆。把高口的闻香杯放在鼻前轻轻转动,你便可喜闻幽香,高口的闻香杯里如同开满百花的幽谷,随着温度的逐渐降低,你可闻到不同的芬芳。

第十六道:三龙护鼎

即用大拇指和食指轻扶杯沿,中指紧托杯底,这样举杯既稳重又雅观。

第十七道:鉴赏汤色

现请嘉宾鉴赏铁观音的汤色呈金黄明亮。

第十八道:细品佳茗

第一口玉露初品,茶汤入口后不要马上咽下,而应吸气,使茶汤与舌尖舌面的味蕾充分接触,您可小酌一下;第二口好事成双,这口主要品茶汤过喉的滋味是鲜爽,甘醇还是生涩平淡;第三口三品石乳,您可一饮而下。希望各位在快节奏的现代生活中,充分享受那幽情雅趣,让忙碌的身心有个宁静的回归。

六、紫砂壶冲泡普洱茶茶艺

(一) 茶具列表

序号	名称	规　格	数量
1	茶艺台、凳	高 75 cm×长 120 cm×宽 60 cm;凳高 44 cm	1
2	奉茶盘	33 cm×22 cm	1
3	品茗杯	高度:5 cm　直径:3.2 cm	4
4	茶荷	10.4 cm×8 cm	1
5	杯托	长宽:10.5 cm　宽度 5.5 cm	4
6	提梁壶	规格:800 mL	1

（续表）

序号	名称	规　格	数量
7	紫砂壶	规格:180 mL	1
8	壶垫		1
9	茶巾	30 cm×30 cm	1
10	茶叶罐	高度:11 cm　直径 6 cm	1
11	双层茶盘	46 cm×29 cm	1
12	茶则	长 8.5 cm	1
13	普洱茶刀		1
14	茶海	无手柄有盖	1
15	双层废水缸		1

（二）择水

一般掌握在 100 ℃沸水为宜。最好选用山泉水或矿泉水。

（三）步骤

布席—备具—备水—翻杯—赏茶—温壶—置茶—温润泡—壶中续水冲泡—温茶海—温品茗杯—倒茶分茶—奉茶—收具。

(1) 布席

摆正桌椅，将 4 个品茗杯(倒置)、茶壶、水盂、茶荷、茶道组、茶叶罐、茶巾，杯托放置在竹盘上。茶艺师端上放置茶具的竹盘置于茶桌中间，距离茶桌中间内沿 10 厘米左右。奉茶盘放置在茶桌的右下方。

(2) 备具

茶艺师双手捧玻璃茶壶到竹茶盘右前角桌上，捧茶道组到竹茶盘左前角桌，捧水盂到玻璃茶壶后侧，捧茶叶罐到竹茶盘后侧，赏茶荷到茶盘左后侧，茶巾到茶盘正后方，4 个品茗杯成行排列在茶盘上。

(3) 备水

同玻璃杯绿茶备水。

(4) 翻杯

同紫砂壶冲泡乌龙茶工夫茶艺。

(5) 赏茶

同玻璃杯绿茶赏茶。

(6) 温壶

同紫砂壶冲泡乌龙茶工夫茶艺。

(7) 置茶

同紫砂壶冲泡乌龙茶工夫茶艺。

(8) 温润泡

右手提随手泡,按逆时针回旋注水法注入 1/2 壶,盖上壶盖。右手拇指、食指、中指提壶柄,左手托壶底按逆时针方向旋转紫砂壶一圈后将弃水倒入茶海中。

(9) 壶中续水冲泡

同紫砂壶冲泡乌龙茶工夫茶艺。

(10) 温茶海

双手持茶海逆时针旋转一圈后将温水按从左到右的顺序倒入品茗杯中。

(11) 温品茗杯

同紫砂壶冲泡乌龙茶工夫茶艺。

(12) 倒茶分茶

同紫砂壶冲泡乌龙茶工夫茶艺。

(13) 奉茶

用右手的拇指、食指、中指握住品茗杯擦拭品茗杯底后放在杯托上,从座位侧拿起奉茶盘放在茶桌右侧,双手捧杯托从右到左的顺序端起置于奉茶盘内,双手端起奉茶盘,起身后奉茶到评委正前方,蹲姿敬茶后回到茶桌前坐正。

(14) 收具

同紫砂壶冲泡乌龙茶工夫茶艺。

(四) 普洱茶茶艺表演解说词参考

中国是茶的故乡,而云南则是普洱茶的发源地及原产地,几千年来勤劳勇敢的云南各民族同胞利用和驯化了茶树,开创了人类种茶的历史,为茶而歌,为茶而舞,仰茶如生,敬茶如神,茶已深深的渗入到各民族的血脉中,成了生命中最为重要的元素。

同时,在漫长的茶叶生产发展历史中创造出了灿烂的普洱茶文化,使之成为香飘十里外,味酽一杯中的享誉全球的历史名茶。今天很荣幸为大家冲泡普洱茶,并将历史悠久、滋味醇正的普洱茶呈现于大家面前。

第一道:摆盏备具

在正式冲泡之前,首先为您介绍一下冲泡普洱茶所用到的各类精美茶具。流水茶盘,用来盛放各类茶具;茶通,寓意茶源广通,共分 5 小件;茶夹,用来夹洗双杯;茶则,用来量取干茶;茶针,用来疏通堵塞的紫砂壶壶口;干茶漏,用于较小的紫砂壶壶口,以防干茶外漏;茶匙,用来拨赶茶叶以及废弃的茶渣;紫砂壶,产自江苏宜兴,以紫砂泥制者为佳,自古流芳百世的制壶名家有孟臣、供春、时大彬等,因普洱茶存放时间较久,茶气较足,味浓而醇厚,所以选泡之壶,宜大不宜小,且要深圆、砂粗、壁厚,出水流畅者为上佳;公道杯,用来均匀茶汤以及鉴赏汤色;品茗杯,用来品饮香茗;过滤网:用来过滤茶渣;茶荷,以瓷制造,用来盛放干茶;杯托,形状如盘而小,用来放置品茗杯;随手泡,用来火煮甘泉。煮水侯汤,泉分三沸,一沸太稚,三沸太老,二沸最宜,如若随手泡内声若松涛,水面浮珠,视为二沸,用于泡茶最佳。

第二道：淋壶湿杯

茶自古便被视为一种灵物，所以茶人们要求泡茶的器具必须冰清玉洁，一尘不染，同时还可以提升壶内外的温度，增添茶香，蕴蓄茶味；品茗杯以若琛制者为佳，白底蓝花，底平口阔，质薄如纸，色洁如玉，不薄不能起香，不洁不能衬色；而四季用杯，也各有色别，春宜“牛目”杯、夏宜“栗子”杯、秋宜“荷叶”杯、冬宜“仰钟”杯，杯宜小宜浅，小则一啜而尽，浅则水不留底。

第三道：赏茶投茶

普洱茶采自世界茶树的发源地，云南乔木型大叶种茶树制成，芽长而壮，白毫多，内含大量茶多酚、儿茶素、溶水浸出物、多糖类物质等成分，营养丰富，具有越陈越香的特点。古木流芳，投茶量为壶身的三分之一即可。

第四道：玉泉高致

涤尽凡尘，普洱茶不同于普通茶，普通茶论新，而普洱茶则讲究陈，除了品饮之外还具有收藏及鉴赏价值，时间存放较久的普洱茶难免存放过程中沾染浮沉，所以通常泡茶前宜快速冲洗干茶两至三遍，这个过程我们俗称为洗茶。

第五道：水抱静山

冲泡普洱茶时勿正面冲击茶叶，这会破坏茶叶组织，需逆时针旋转进行冲泡。彩云南现是云南名称的由来，传说元狩元年，汉武帝刘彻站在未央宫向南遥望，一抹瑰丽的彩云出现于南方，即派使臣快马追赶，一直追到彩云之南，终于追到了这片神奇吉祥的圣地，也就是现今的云南大理。

第六道：入液赏色

普洱茶冲泡后汤色唯美，似醇酒，有“茶中 XO”之称，红油透亮，赏心悦目，令人浮想联翩。

第七道：平分秋色

俗语说“酒满敬人，茶满欺人”，分茶以七分为满，留有三分茶情。

第八道：齐眉案举

敬奉香茗，各位嘉宾得到茶杯后，切莫急于品尝，可将茶杯静置于桌面上，十秒钟后静观汤色，会发现普洱茶汤红浓透亮，油光显现，茶汤表面似有若无的盘旋着一层白色的雾气，我们称之为陈香雾。只有上等年代的普洱茶，才具有如此神秘莫测的现象，并且时间存放越久的茶沉香雾越明显。

第九道：三龙护鼎

下面告诉大家一个正确的握杯方式，用食指和拇指轻握杯沿，中指轻托杯底，形成三龙护鼎，女士翘起兰花指，寓意温柔大方，男士则收回尾指，寓意做事有头有尾，大权在握。

第十道：暗香浮动

普洱茶香不同于普通茶，普通茶的香气是固定于一定范围内，如龙井茶有豆花香，铁观音有兰花香，红茶有蜜香，但普洱茶之香却永无定性，变幻莫测，即使是同一种茶，不同的年代，不同的场合，不同的人，不同的心境，冲泡出来的味道都会不同，而且普洱

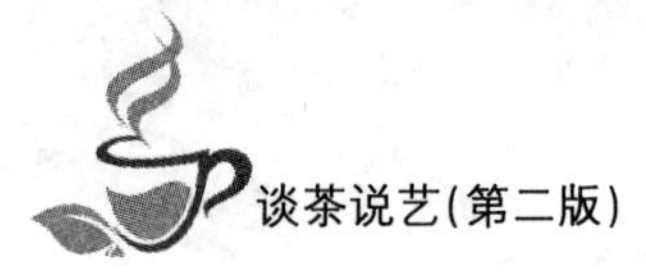

茶香气甚为独特,品种多样,有樟香、兰香、荷香、枣香、糯米香等。

第十一道:初品奇茗

品字由三口组成,第一口可用舌尖细细体味普洱茶特有的醇、活、化,第二口可用牙齿轻轻咀嚼普洱茶,感受其特有的顺滑绵厚和微微黏牙的感觉,最后一口可用喉咙用心体会普洱茶生津顺柔的感觉。

有好茶喝,会喝好茶,是一种清福,让我们都来做生活的艺术家,泡一壶好茶,让自己及身边的人享受到这种清福。

任务三　现代煮茶法

泡茶泡其锋芒，煮茶煮出精华。泡茶与煮茶的差异在于可溶于水的内涵物质含量比例不同，泡茶能泡出茶内含物质的30％，煮茶则能煮出60％。

一、不同茶类煮茶的适应性

并不是所有的茶叶都适合煮茶。我们可以把煮茶看作一个迅速"变老"的过程，煮茶可以让你品尝到一泡茶"骨子里"的味道，这需要茶叶先天有底蕴有积累。一般来说，条索相对粗老的茶比较适合煮茶，最极端的代表就是"藏茶"了，粗枝大叶相对内含物质会更加均衡，贮存的糖分也比较高，煮出来不会过于苦涩；而细嫩的茶芽就如新鲜的绿叶菜一样，开水烫一下就很美味，煲汤就算了。

1. 煮茶可以分为直接煮和冲泡后再煮两种方式

① 滋味较轻的白茶（主要指贡眉、寿眉等）适合直接放进壶里煮；

② 滋味比较浓的黑茶、普洱熟茶或老茶则适合先用盖碗冲泡品饮后再煮，这样可以避免煮出来的茶汤过于浓烈。

2. 六大茶类煮茶分析

(1) 绿茶：宜鲜饮不宜煮茶

绿茶，尤其是高级绿茶，通常采用细嫩的芽叶制作，清汤绿叶，宜尝鲜。冲泡水温一般在80℃～95℃，用玻璃杯或盖碗冲泡为佳，不宜焖泡和焖煮。如果用过高的水温冲泡绿茶，绿色的芽叶和汤色就会变暗，鲜度降低，滋味变苦。因为绿茶中的氨基酸和茶多酚是游离的，非常适合鲜饮，是有效的抗氧化物质，有美容、消炎等功效。而如果用来煮茶，这些物质就会迅速被氧化，而失去其原有功效。

(2) 红茶：宜清赏宜调饮

红茶富于变化却十分包容，清饮可赏其色香味，红茶调饮更是在全世界各国佳饮。

为了保证红茶滋味的浓厚均衡，红茶的采摘是需要保证芽头率的，芽叶偏细嫩。揉捻发酵后其内含物渗出十分迅速，如果用以煮茶，高温沸水很容易使茶汤变得酸涩。

但煮红茶汤浓香高的特性却十分适合调饮，取红茶之高香，用牛奶、蜂蜜、鲜花等物质去均衡煮红茶的苦和涩，就能获得一款滋味浓厚，茶香满溢的暖心饮料了。

(3) 乌龙茶：新茶宜泡老茶宜煮

乌龙茶（青茶），属于半发酵茶。乌龙茶既有红茶的韵味，又有绿茶的鲜爽，其制作工艺是最具变化的。

新茶和轻焙火的乌龙茶不建议煮茶。此类乌龙茶宜用盖碗或紫砂壶高冲快出，花

香浓郁,汤鲜爽甘甜。如果用来煮,就会闷出类似菜叶的热气来。

陈年的铁观音、岩茶等,建议冲泡几次后煮茶。如果说冲泡的是十年的老茶,那么煮茶的过程相当于将茶叶迅速再变老十年,那种从骨子里煮出来的醇厚与回甘,拼的是茶叶先天的积累。

(4) 白茶:嫩茶宜泡老叶宜煮

白茶,是最自然的茶,传统工艺白茶经阳光晒干或文火烘干而成,“绿妆素裹”,汤色清淡。根据采摘部位不同可分为:白毫银针、白牡丹、贡眉、寿眉。白毫银针为纯芽,白牡丹一芽一二叶,寿眉一芽三四叶。

白毫银针和白牡丹,宜冲泡。冲泡银针和白牡丹的水温建议在 90 ℃左右,甚至更低。白茶满身覆有白色的绒毛,冲泡得宜有淡淡的奶香味,口味清甜如蜜。如果冲泡水温过高则容易苦涩且有青气。

寿眉宜煮。寿眉可以泡过之后煮,也可以直接煮(直接煮建议延长润茶时间)。尤其存放过 3 年以上陈放的寿眉,滋味由甘甜和清香,转为醇和温润,煮过之后更有枣香,根据个人的需要还可以在煮茶中加入枸杞,有很好明目滋润的功效。

(5) 普洱/黑茶:新生茶宜泡,老熟茶宜煮

普洱生茶,以云南大叶种晒青毛茶为原料,条索粗壮但相对还是属于新嫩组织。新制的普洱生茶,适宜冲泡,其滋味醇厚,因其内涵丰富,可在口腔形成明显的回甘现象。若用高温水煮,则容易浓度过高,苦涩重,还会有熟菜叶的青气。

存放十五年以上的老生茶、黑茶、普洱熟茶以及普洱老黄片,均可用以煮饮。煮茶要有煲汤的耐心,大火煮沸,文火慢煮,在水逐渐升温的过程中,茶叶的内含物在不同的温度下一点点被萃取出来,将稀薄的水煮成醇厚的汤,就是煮茶人静心和修炼的过程。对于煮茶而言,不要害怕青涩的粗糙,慢慢来,时间会给你成熟的甘甜。

二、常用煮茶器具(见图 5-9)

1. 陶炉煮茶

陶壶一般采用原生陶土加工而成,具有吸附水垢的功能,能够有效净化水质,提升茶的口感。对于煮茶器而言,陶壶无疑是既古朴美观,又是极具性价比的选择。用陶壶烧水的妙处在于粗陶材质气孔多,可净化水质,增添茶香茶韵。

2. 铁壶煮茶

铸铁壶的铁含量较高,具有坚硬、耐磨、铸造性好、导热性优良的特质。更不可比拟的是,它壶壁厚实,因此保温效果明显,使用铁壶后水温可提高至 96 ℃~97 ℃。铸铁壶煮水,能去除水中的氯,释放出有利健康的二价铁为人体所吸收,因此可以预防贫血,又能软化水质。铸铁壶煮出来的水不仅带有微甜,更比普通水显得柔滑,泡出来的茶也就别有风味。

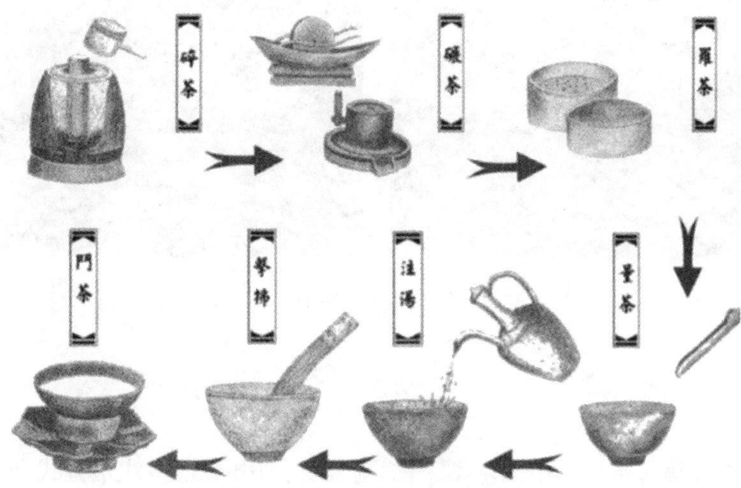

图 5-9　煮茶流程

用铁壶煮黑茶，因为铁壶煮能够提升沸点。黑茶的冲泡以水刚煮沸为佳，铁壶煮水能够软化水质，让水变得甘甜，顺口，口感厚实饱满顺滑，可以激发和提升黑茶的香气。但是在煮黑茶的过程中会发现煮出来的茶水是黑色的，主要是因为铁壶的结构是有气孔在里面的，也叫会呼吸的铁壶，铁制而成，在煮茶叶的时候，因为铁单质和茶叶中的鞣酸，会反应生成鞣酸铁，即蓝黑墨水的主要成分，喝铁壶煮出来的黑茶可能会刺激胃黏膜，从而引起恶心、呕吐、消化不良等症状，肠胃不好的人还容易便秘。

铁壶煮完茶后保养，比如洗净擦干放在阴凉处即可。不用的铁壶，放在稍微潮湿点的地方，也是比较容易生锈的。经常使用铁壶，保养得当，反而不易生锈。

【知识拓展】

玻璃杯绿茶冲泡

台式乌龙茶冲泡

【项目回顾】

本章主要讲解行茶过程中的基本手法,对器具使用的规范,注水方式和速度以及男女手法差异等,在练习各项泡茶技艺时应从严把握,一招一式皆有法度。

【技能训练】

1. 分小组进行玻璃杯冲泡绿茶、黄茶、白茶茶艺训练。
2. 分小组进行瓷盖瓯冲泡花茶茶艺训练。
3. 分小组进行紫砂壶冲泡乌龙茶工夫茶艺训练。
4. 分小组进行紫砂壶冲泡普洱茶茶艺训练。

【自我测试】

1. 选择题

(1) 特级洞庭碧螺春适用(　　)注水方式。

A. 上投法　　B. 下投法
C. 中投法　　D. 凤凰三点头注水

(2) 乌龙茶冲泡定点注水描述正确的是(　　)。

A. 中心注水　　B. 中心回旋　　C. 回旋注水　　D. 回旋中心

(3) 品茗杯“三龙护鼎法”手法是右手(　　)。

A. 虎口分开,大拇指、无名指握杯两侧,中指抵住杯底,食指及小指则自然弯曲
B. 虎口分开,大拇指、中指握杯两侧,无名指抵住杯底,食指及小指则自然弯曲
C. 虎口分开,大拇指、中指握杯两侧,食指抵住杯底,无名指及小指则自然弯曲
D. 虎口分开,大拇指、食指握杯两侧,中指抵住杯底,无名指及小指则自然弯曲

2. 思考题

(1) 白茶冲泡应使用什么注水方式?
(2) 温壶的冲泡流程是什么?

项目六　茶创新

学习目标

- 掌握茶艺编创基本原则。
- 掌握茶艺编创流程。
- 了解主题茶席设计。

项目导读

随着人们生活水平、文化水平的提高，科学技术的日新月异，茶艺师、茶艺表演已不是新鲜的名词了。在多年从事茶文化宣传、教育，特别是茶艺、茶道的教学、创新过程中积累了一些经验，本项目针对茶艺师的自身修养、茶席的色彩美学、现代美学理念等方面进行了总结和评述，并对新时代茶艺的创新提出了认识。

✓音视频资源
✓拓展文本
✓在线互动

任务一　创新茶艺表演

在我国,对茶的利用大体上经历了药用、鲜食羹饮、饮用、深加工综合利用等几个阶段。仅把茶作为日常生活饮料而言,人们品茶的主要方式也经历了唐代煮茶法、宋代点茶法、明代的撮泡法。随着时代的发展,现代人的消费越来越个性化,越来越多样化,这就要求茶艺要不断融入时尚元素,不断创新发展。

一、创新茶艺概述

茶艺的本质是通过优雅忘我地泡好一杯茶,符合礼仪地敬奉一杯茶,使大家身心愉悦地享受一杯茶,茶艺应当在深入了解茶性的基础上,古法创新,新法承古,融汇东西方文化,引进时尚元素和相关的艺术,创编出多姿多彩,有实用价值,能受到当代各个阶层不同群体欢迎的喝茶方法。

创新茶艺以综合艺术的形式呈现,丰富了茶文化传播的方式,增加了茶文化传播的吸引力,对推动茶文化产业的发展具有重要意义。针对近年来茶行业中一些学术研讨会、博览会、茶馆、茶企营销活动中对创新茶艺的需求及应用状况进行分析,进而围绕近年来教育部主办的高职组中华茶艺大赛优秀创新茶艺作品的创新点进行剖析,从而探讨创新茶艺的创新思路。

茶艺的创新在于创意,即提出一个人们乐于接受的品茶新方式。茶艺的创意建立在四点基础上。其一,对生活的热情。要是没有热情,世界上任何伟大的事业都不会成功。因此说,对生活的热情是点燃创意的火花。其二,对茶艺的兴趣。兴趣是感情的体现。一个人只有对茶艺感兴趣,才可能自觉地、主动地、竭尽全力地思考它、研究它,才可能最大限度地努力发展它。因此说,对茶艺的兴趣是创意的动力。其三,质疑是创意的起点。我们要跳出惯性思维的模式,打破因循守旧的思想,在茶事活动中多向自己提问几个问题。只有质疑,才能开启创新思维的闸门,产生新的创意。其四,博学是创意成功的保障。茶艺的创意不仅在于对茶叶商品学和茶艺学的了解,还要去创意者有广博的相关知识,只有把众多美的要素与茶整合,才能创编出当代人喜闻可见的茶艺。

二、创新茶艺编创

结合近几年的表演型茶艺现况,在如何将传统型茶艺转变成艺术性茶艺,进而转变为富有茶道内涵的茶艺等问题上,下面具体进一步阐述。

(一) 确定好主题

主题是茶艺表演的核心和灵魂。创编表演型茶艺,首先要确定一个主题。主题应该体现思想、意旨、哲思或情趣，通过人、事、情的叙述来凸显；切忌泛泛而谈或天马行空。一个茶艺表演，主题只能有一个，杂不得。

（二）解构好主题

解构主题，最直接、重要的是要创编出一个较好反映主题的茶艺解说词，既能达到阐释主题的目的，同时也可以使观众更好地把握、理解主题，更好实现审美效果。

一般来说，较合格的解说词，应由主题阐释、程序演绎两方面构成，同时切合表演用茶的茶理茶性。现在大部分解说词都显传统或简单，比如，介绍参演者单位和姓名，介绍茶叶的产地、背景，茶叶的冲泡方式方法等；其他就是套用通用程式，如表演绿茶的，都是"冰心去烦尘、嘉宾赏嘉叶、清宫迎佳人……"一类，十分老旧俗套。这些形式的茶艺解说，只适宜用在基础学习的场合，用在舞台或比赛表演上，显然是没有说服力、表现力的。

优秀的茶艺解说词，需要创编者在文学、舞美、音乐等多个专项上综合把握、融合，完美、准确地烘托、渲染主题。比如，2013 年 11 月举行的湖北省茶艺师职业技能大赛，十堰龙王垭茶叶公司的节目《武当红恋曲》。创编者的解说词大胆采用诗歌形式，抒写一对男女跨越半个世纪跌宕起伏的爱情；又配以围绕女主角（泡茶女子）展开的男子独舞，再加以有效渲染气氛的背景音乐、极富苍凉色彩的朗诵，把一个凄美的爱情传奇，演绎得动人心怀。当"拥抱你/千百个往昔汇聚此刻/千百般情怀奔腾若水/拥抱你/你的倩影/你的芳韵/你的真洁如初的清甜……"的深情朗诵回荡现场，很多人按捺不住内心的共鸣，抽泣起来……

创编这种程度的解说词，是需要具备深厚文学艺术功底的，非一日之功。一般情况下，我们可以尝试从简单入手。比如，广东的一次茶艺表演场合，有位茶艺师的《普洱茶茶艺》，解说词以情景故事展开，把普洱茶拟人化：茶在马背驮运，历经季节交替的风雨、漫漫长路的崎岖，最终胜利抵达目的地。创编者将普洱茶特性赋予人生哲理，表达出普洱茶的变化正似"茶如人生"这一主题。

解说词的创编，素材要源于生活或历史，还要将它们艺术加工，否则平铺直叙，就事论事，会空泛乏味。解说词切忌空、假、偏，不然适得其反。解说词体裁，最好以文学而非应用文的形式建构。用诗歌、小说或散文来叙事、记人、抒情，表达观点或抒发情感。初学编创者，先要积累相应知识，了解茶艺特性；正式创编时，结合主题，合理发挥想象，力求艺术、准确地表达。

（三）演绎好主题

茶艺表演者和解说员，是茶艺主题直接的阐释者、演绎者。合适的表演、解说，可以为主题的演绎大大增色，给节目增光添彩。

首先，选择好主泡。茶艺表演的主泡，需具备形象、气质整体要佳。虽说茶艺表演不是选美，但给观者良好的印象很必要；同时便于体现、衬托主题神韵。如果碰到身体条件优秀，具有一定灵性的，那就更好了。

其次，选好副泡或是完成节目所需要的其他表演人员。解说员的选定相当关键。解说员虽不同于具体的茶艺表演者，但解说员通过声音的表达，能一定程度左右整套节目的艺术水准。我们看赵忠祥讲解的《动物世界》，电视上的动物画面，本很平凡，在赵老师的配音下，整个动物世界好像都注入灵魂会说话了，活灵活现。这样的作品堪称解说精品。挑选解说员，要求普通话标准、口齿清晰、语速适中、语调抑扬顿挫；同时要求音色丰富，感情丰沛，以保证解说效果。

(四) 设计好茶席

几年来，茶席布置已成为茶艺表演的一项重要构成内容，在有些比赛场合，茶席设计甚至被列为单独比赛项目。当代文献中对茶席的定义，“指以茶为灵魂，以茶具为主体，在特定的空间形态中，与其他的艺术形式相结合，所共同完成的一个有独立主题的茶道艺术组合整体。”

传统表演的茶席布置比较简单，一般是将生活泡茶的茶台布置搬上舞台，遵从的是“湿泡法”定义。而创新茶席，是将茶席布置艺术升华，注重的是整体空间的协调、色彩搭配、结构合理的艺术美感。

在设计茶席布置时，需要把握以下几个因素。

(1) 茶器。根据主题与茶品，选择对应茶器具，在材质、色泽、造型、体积、实用性等方面都要严格要求，且注重协调感，不杂乱无章。比如主题茶艺《九曲红梅》的器具选择，特地选用钧红瓷器来衬托红茶的暖色调，品茗杯内壁施白釉，衬托“九曲红梅”红艳的汤色；五只小品茗杯摆放成五个花瓣状，中央是一只红釉的品茗杯，代表花蕊，整个象征着一朵绽放的红梅，茶具的选用和摆放别具心裁。

(2) 铺垫。以往茶艺表演茶桌上，放置茶盘作铺垫，避免表演过程中有茶水滴落在茶桌上，以示清洁；但没有讲究茶桌的搭配美感。现在的茶席铺垫，前提条件是以“干泡法”为主，所有茶水统一倾入茶盂中，茶桌上不容许有水滴。

铺垫物的选择，常见各种材质的布料，棉布、麻布、化纤、蜡染、印花、丝绸等；也有选择以自然界物品作铺垫，如树叶、花草、石头、竹子等；少数的，还会选择书法作品和绘画作品等纸张材料。

铺垫色彩原则是，单色为上，碎花次之，繁花为下。原料要自然质朴，色调要素雅洁净，能起到衬托、渲染的效果，更要与主题相呼应；不能过于花哨，喧宾夺主。如主题“绿茶”为主，铺垫物可以是绿色的树叶，也可以是浅绿色的棉布，象征春意盎然；切不可大红大黄色调，有违主题，起到反效果。

铺垫摆放有平铺、对角铺、三角铺、叠铺和垂帘铺等。铺垫物的质地、色彩和形式的选择，都要围绕茶艺主题和茶器展开，给人以情趣的想象空间。

(3) 装饰物。为了装点空间，增加茶席的观赏性，在茶席布置中，一般还会摆放相关艺术物品，如插花、焚香、挂画等。插花，花材力求简洁、典雅，以自然界植物的根、叶、花、草、果等为好；焚香，选择淡雅、燃烧型香品为好，以免与茶香冲突；挂画，要表现人生态度、情趣、境界，整体风格、美感则要与茶席主题一致。

(4) 背景。为获得某种视觉效果，设定在茶席之后的背景物，系为茶席背景。如果说茶席是小空间的桌面布置，那么背景物则是大空间的格局布置，它可以使视觉空间相对集中，视觉距离相对稳定，更能让观者准确感受茶艺主题。

(五) 设计好表演动作

根据主题、解说词、所冲泡的茶叶类型，精心设计茶艺表演动作。设计时，要注意几个原则。

(1) 动作的美观度。总体要求柔和、细腻，不能太过夸张或太过内敛。比如在设计拿放物品时，幅度适中，轻拿轻放，注意手型的柔韧度。有的人表演时，如同杂耍，将杯子高举或舞来舞去，力度很大，看起来丝毫没有美感。

(2) 动作的节奏感。节奏是根据解说词的程式结构来具体设计。要求张弛有度，切忌一贯到底。大体应该是，以慢为主、快慢相间、中有停顿。

(六) 选配好表演服饰

茶艺表演者的服装、发型、头饰、仪容等，整体要求应与所表演的主题相呼应，以得体、整洁、大方、符合主题为主，不能错配、乱配、张冠李戴。好的表演服饰还能衬托表演者的形象、气质。

(七) 选择适合的背景音乐

背景音乐是茶艺表演必不可少的元素，它可以营造艺术气氛，带领观者进入茶艺艺术境界。

不同的音乐用来表演不同的情境。比如低沉的音乐，给人以深思；轻柔的音乐，给人以清幽。需要注意的是，所选音乐切忌现代感强、节奏快，这与茶的“清、静”之性相冲突。

(八) 表演者的表情神态

我们都知道在生活中，与人交流，面带微笑是必然的，不仅可以拉近与对方的距离，更让对方觉得你有亲和力。而我们经常看到这样的现象，在表演中，表演者的形象和肢体动作都很好，就是面部表情僵硬或愁眉苦脸，这岂能带给观众“美”的感受？有经验的表演者，往往根据茶艺情景的不同，展示不同的表情神态，那一颦一笑，胜过万千语言。

三、创新茶艺编创的原则

(一) 生活性与文化性相统一

茶艺是一门生活艺术，是饮茶生活的艺术化。茶艺不能脱离生活，高高在上，远远地供人观看。茶艺要走下舞台，走入家庭，走进日常生活，自然、质朴，还原其生活性。

茶艺要走出“表演”,其动作、程式不宜舞台化、戏剧化,更不能矫揉造作、过度夸张,而是要符合生活常识、习惯。

茶艺源于日常生活,但又超越日常生活,成为一种风雅文化。茶艺是一门综合性艺术,其中蕴涵许多文化要素,诸如美学、书画、插花、音乐、服装等。文化性是对生活性的提升,使饮茶从物质生活上升到精神文化层面,从而使茶艺成为中国文化不可缺少的组成部分。

生活性是茶艺的本性,在茶艺编演中不能背离这一点。文化性是茶艺的特性,在茶艺表演中要尽量与相关文化艺术结合,表现出高雅的文化性。

(二) 科学性与艺术性相统一

科学泡茶(含煮茶)是茶艺的基本要求。茶艺的程式、动作都是围绕着如何泡好一壶茶、一杯(盏、碗)茶而设计的,其合理与否,检验的标准是看最后所泡出茶汤的质量。因此,泡好茶汤是茶艺的基本也是根本要求。科学的茶艺程式、动作是针对某一类茶或是某一种茶而设计的,以能最大限度地发挥茶的品质特性为目标。凡是有违科学泡茶的程式、动作,尽管具有观赏性,也要去除。

茶艺无疑又是一门艺术,作为艺术,必须符合美学原理。所以,茶艺程式和动作的设计以及表演者的仪容、仪貌等都要符合审美的要求,一招一式都能给人以美的享受。有些虽不能发挥但又不影响茶的品质的程式、动作,因符合审美艺术性要求,亦可保留。

科学性是茶艺编演的基础,艺术性则是茶艺成为一门艺术的根本所在。

(三) 规范性与自由性相统一

各类各式的茶艺,必须具有一定的程式、动作的规范要求,以求得相对的统一、固定。当前,蔡荣章的《茶道基础篇》《茶道入门三篇》《茶道入门——泡茶篇》和童启庆的《习茶》《生活茶艺》《影像中国茶道》等书对当代茶艺做出了有益的规范。今后,在茶艺的实践中,要逐步对各类、各式的茶艺加以规范,规范性是茶艺得以健康、持续发展的保证。

规范是法度,但在茶艺编演中切忌千篇一律的刻板程式、动作,不能因为规范而扼杀个人的创造。茶艺表演达到一定境界时,表演的形式甚至内容已经淡化,重要的是表演者的个性展现——准确说是个人修养的展现。自由不是随心所欲,而是建立在规范的基础上的自由。

规范性是共性,是茶艺得以良好传承的前提。自由性是个性、是异,是茶艺多姿多彩的必然要求。规范性与自由性的统一,是个性寓于共性之中,即求同存异。

(四) 创新性和继承性相统一

创新是一切文化艺术发展的动力和灵魂,茶艺也不例外。所以,在茶艺编演的动作及程式设计中不墨守成规,要勇于创新,与时俱进,创造出茶艺的新形式、新内容。

茶艺的创新不是无本之木、无源之水、无中生有,而是在继承传统茶艺优秀成果的基础上的创新，是推陈出新。继承不是因循守旧，而是批判性地加以继承，创造性地加以继承。

创新性是茶艺发展的客观要求，继承性是茶艺创新的必要前提。没有创新，茶艺就不能持续发展。没有继承，茶艺就缺少深厚的文化积淀。

继承传统是创新的基础，创新又是对传统的发展。一方面，对传统茶艺的某些方面要原汁保留；另一方面，又要创造适应当代社会生活的需要、符合当代审美要求的新形式、新内容。

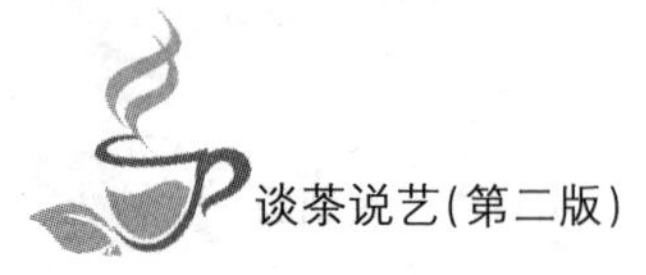

任务二　创新茶艺实例说明

一、印象凉都(见图6-1)

主题思想:以凉都的景色为背景,蓝天,白云,小桥,雪山,均为其中要素,构成了印象凉都的景象。天与山与人交相呼应,这就是印象中的凉都。这次茶艺创作的主题是思念家乡,主要表达对家乡凉都六盘水的思念之情。

凉都一直都是很美的,轻松舒缓的节奏,清新的空气,翠绿的山峦,这个惬意的环境,令人感到愉悦。看到家乡的宣传片片段,片中凉都的一幕幕场景,心头涌起的是数不清的思念。凉都,家乡,每当看到这青山绿水,闻到这茶,都会无比地思念家乡。每每念起故土,却似乎只有茶香可以慰藉心灵。

图6-1　印象凉都茶席(提供者:陈君君)

二、喝烤茶,感彝情(见图6-2)

主题思想:喝烤茶,感彝情以彝族围绕茶生活为内涵,以易武高山村彝族人家为舞台,以"普洱生茶"为载体,围绕采茶姑娘上山采茶回家,摊晾茶叶展开表演。通过解说词的转换,衔接彝族人以茶为生,也信奉茶的生活情景。他们会在每年的二月初八彝族年这一天,举行祭祀茶祖的活动,灼烛焚香,吟歌祈福。最后,茶艺师通过表演展示彝族日常饮烤罐茶的方法,表达云南民俗茶艺的内涵,展现少数民族文化的魅力。

图 6－2　喝烤茶，感彝情茶席（提供者：陈君君）

三、念君（见图 6－3）

主题思想：为思念恋人，反对战争，呼吁和平。1941 年 9 月福州沦陷，这场战争的到来使得一对恋人生离死别。以这个主题展开接下来的舞蹈和茶艺表演。用舞蹈表达内心哀悼和悲伤，借助泡茶来回忆曾经在一起的美好往事以及对恋人的思念，在最后衷心地祈祷和平净土再次出现。

图 6－3　念君茶席（提供者：陈君君）

四、故里,他乡(见图6－4)

主题思想:思乡美丽又忧伤,每个人都有自己的故乡,每个人都有关于故乡的美好记忆。“游子”之意,《列子》曰:“有人去乡土游于四方而不归者,世谓之为狂荡之人也。”他们去首都或别的大城市苦苦地奋斗,研读经典,结交高人,提高水平和知名度,以争取实现个人的价值。幽幽茶香使人思悟,醇润茶味使人平和。倘若茶可以说话,我与茶对话。一物一景,茶与人合一。以乡情为主题贯穿整个茶艺表演,展示年轻异乡游子的人物故事。

图6－4 故里,他乡茶席(提供者:陈君君)

五、咫尺山水(见图6－5)

主题思想:一峰则太华千寻,一勺则江湖万里。

“真山真水园中城,假山假水城中园”的姑苏古城,把精致的“盆景”,山水建造式园林体现在了名园(拙政园、留园、沧浪亭……)的建造中。

古台芳榭,高树长廊,未入园而隔水迎人,游者已为之神驰遐想了。园内的山林隐现于前,临水的亭榭复廊悉收入目,仿佛是山的余脉延伸到水边,清晨夕暮,烟火弥漫,极富山岛水乡诗意,顿起烟霞之想。

清风明月本无价;近水远山皆有情。自古以来,文明的轨迹就在“物”与“心”之间摇摆。园林实现了“物与心转换”,文明、梦想、且行且歌的生活,都高度凝练在这咫尺山水中。山因水而活,水随山而转。物随心转,境有心造。

图 6-5　咫尺山水茶席(提供者:陈君君)

六、生·升(见图 6-6)

主题思想:人生,就是新陈代谢的过程。新的不断滋生,旧的不断淘汰,才能生生不息。人,只有不断吸纳新生事物,不断抛弃腐朽渣滓,才能推陈出新,健康成长。

一直以来,总觉得生活平淡无奇。为工作生、为家庭生,直到某天,机缘巧合下,习茶,渐渐亲近茶、爱上茶,为自己而生。

在这个过程中,不但交到了志趣相投的朋友,学习了茶的知识,体会了茶的各种滋味,苦涩、甘甜、醇厚……这让我对生活有了新的看法,更让自己在心境、意识等各方面得到了提升。

图 6-6　生·升茶席(提供者:陈君君)

七、最初的梦想(见图 6－7)

主题思想:还记得年少时的梦吗？曾经的我们,稚嫩,有着对将来的梦想,但是现实的残酷阻碍了理想。人到中年,心安身静,品着茶,回顾着年轻时为梦想而奋斗,无论成败都值得用一生体会。

图 6－7　最初的梦想茶席(提供者:陈君君)

八、兰·趣(见图 6－8)

主题思想:作为一个全职妈妈,脱下了华丽的高跟鞋,远离职场,回归家庭,粗布麻衣,方寸之间素手做汤羹。看似为了家庭,为了孩子,放弃了自己的理想与追求。常有人问我,每天清晨送别先生与孩子后,独自度过漫长的一天,是否孤独。我常用兰花作喻。生长在幽林与空谷间的兰花,世人常道其孤寂,然子非兰,焉知兰之趣。

图 6－8　兰·趣茶席(提供者:陈君君)

纷繁的事务间，能拥有属于自己的时间，做自己喜爱之事，这着实是一种难得的幸福。心有趣，则事事快乐。而茶，是传递快乐的绝佳媒介，可独乐乐，亦可众乐乐。或一人一书一茶，怡然自得；或两三好友，品茗闲叙，谈笑风生。深山野林中的兰花亦然，不起林而独秀，不以无人而不芳。迎着朝阳伸展，与清风话家常，浸润雨露，与蝶共舞，尽享此生。

人生短暂，保持一颗年轻的心，做一个快乐的人，将岁月打磨成我们最向往的生活。你若盛开，清风自来。

九、喜喜茶(见图 6－9)

主题思想：明代郎瑛《七修类稿》有云："种茶下籽，不可移植，移植则不复生也。故女子受聘，谓之吃茶。又聘以茶为礼者，见其从一之义。"茶，在婚礼中是重要环节，一是向父母敬茶，感谢父母多年来的养育之恩；二是敬了茶，就可以改口叫对方父母"爸""妈"了。随意改口不隆重，借由敬茶来改口，仪式感自然也有了，于是这道茶就被称为"谢恩茶""认亲茶"。

图 6－9　喜喜茶茶席(提供者：陈君君)

十、书院少儿茶艺(见图 6－10)

主题思想：在少儿茶艺启蒙课程中，以"茶礼"为切入点，让孩子学会"以礼敬人、以礼敬己、以礼敬器、以礼敬水、以礼敬茶"。茶礼的学习会让孩子更有礼有节，与老师同学相处融洽，尊重长辈。一个人从小学习传统的礼仪，可以培养出极好的风度，这种风度会随时表现在孩子的待人接物上，会伴随着孩子一生的成长。可以在孩子的心中种下一颗"茶"种子，这棵种子里包含了恭敬、精简、尊敬……可以熏修孩子的礼仪品德，茶道礼仪与中华礼仪一脉相承。在奉茶时要称呼、双手奉茶，如说"请喝茶"，就是在教导他们“与人为善、以礼待人”的处世之道。

图 6－10　书院少儿茶艺茶席(提供者:陈君君)

【知识拓展】

茶席设计文稿

【项目回顾】

本章主要介绍茶艺编创的基本原则与流程,主题茶席设计等新时代茶艺的创新提出了新的认识。

【自我测试】

1. 选择题

(1) 下列基地茶不是茶种植物的调饮茶是(　　)。

A. 牛奶红茶　　B. 茶冻　　C. 南非博士红茶　　D. 俄罗斯红茶

(2) 设计茶席布置时，需要把握以下几个因素，其中不包括(　　)。

A. 茶器　　B. 茶叶　　C. 背景　　D. 铺垫

(3) 解说词的创编，说法错误的是(　　)。

A. 素材要源于生活或历史

B. 素材要艺术加工

C. 解说词可以空、假、偏

D. 最好以文学而非应用文的形式建构

2. 简答题

(1) 创新茶艺的编创原则是什么？

(2) 请简述创新茶艺编创流程。

项目七　茶之鉴

✓音视频资源
✓拓展文本
✓在线互动

- 了解审评器具的名称和作用。
- 了解审评流程及要素。
- 了解影响茶叶变质的因素。
- 掌握通用型茶叶审评方法。
- 掌握代表茗茶的鉴别。
- 掌握茶叶贮藏的环境条件和常用的贮藏方法。

茶叶感官审评也称感官检验，是茶叶品质检验方法之一。它是指经过训练的专业人员依靠人的视觉、嗅觉、味觉、触觉来判断茶叶品质好坏的一种方法。茶叶感官检验，作为一种传统的品质鉴别方法，自唐代陆羽《茶经》始，历代均有记述，并不断改进，逐渐形成了较为规范的检验内容与程序。茶叶感官检验主要针对茶叶的品质、等级、制作等质量问题进行评审。具体内容包括茶叶外形、汤色、香气、滋味和叶底五项，简称“五项因子”，在商业上对成品茶的检验有的将外形一项拆分成条索、整碎、净度和色泽四项。

任务一　茶叶的审评

一、茶叶的内含成分

茶叶的成分很复杂，据研究发现，茶叶中已发现的化学成分有600多种。在茶的鲜叶中，干物质为25%左右，水分约占75%。组成干物质的成分由无机物和有机物组成。所谓无机物，又称为矿质元素，就是茶叶燃烧以后剩下的灰分，约占干物质总量的3.5%～7%。茶叶中的有机物约占干物质总量的93%～96%，包括蛋白质、维生素、茶多酚、生物碱以及脂多糖等多种营养成分(见图7-1)。

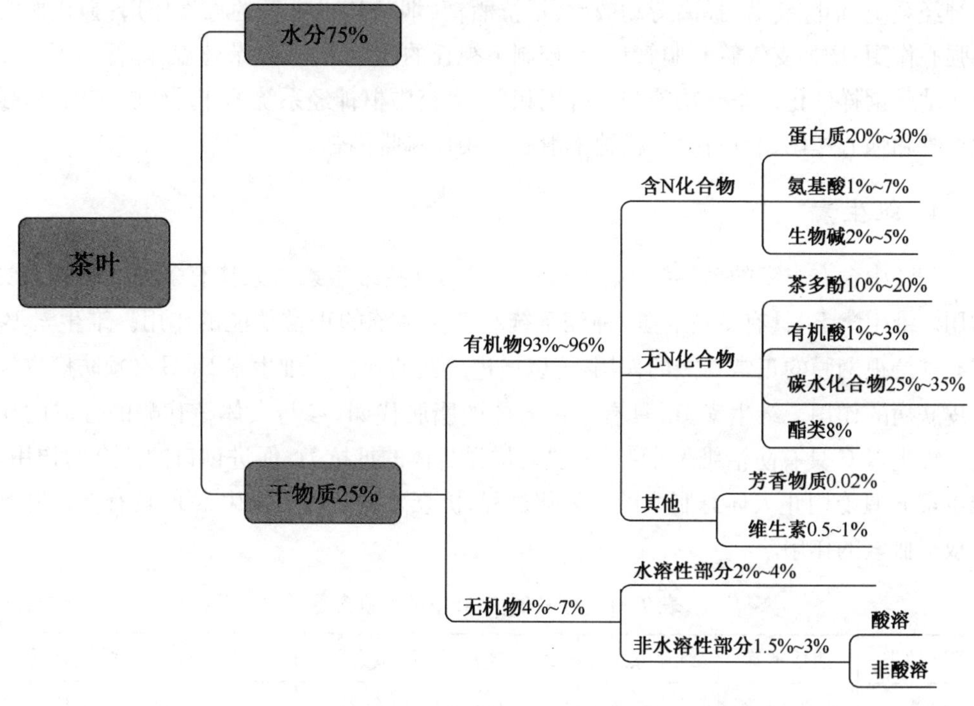

图7-1　茶叶的化学成分组成

1. 蛋白质

茶叶中的蛋白质含量占干物质量的20%～30%，但能溶于水、可直接被利用的蛋白质含量仅占1%～2%，这部分水溶性蛋白质是形成茶汤滋味的成分之一。茶树中的蛋白质大致可分为以下几种：清蛋白(能溶于水和稀盐酸溶液)；球蛋白(不溶于水，但能溶于稀盐酸溶液)；醇溶蛋白(不溶于水，溶于稀酸、稀碱)；谷蛋白(不溶于水，溶于稀酸、稀碱)。

2. 茶多酚

茶多酚是茶叶中各种多酚类化合物的总称,主要由儿茶素类、黄酮类、花青素类、酚酸类等物质组成,在干茶中的比重为10%～20%。其中以完全未经发酵的绿茶的茶多酚含量最高。

茶多酚的功能包括:增强毛细血管的作用;抗炎抗菌,抑制病原菌的生长,并有灭菌作用;影响维生素C代谢,刺激叶酸的生物合成;能够影响甲状腺的机能,有抗辐射的作用;作为收敛剂可用于治疗烧伤;可与重金属盐和生物碱结合起解毒的作用;缓和胃肠紧张,防炎止泻,增加微血管韧性,防治高血压;治疗糖尿病等。

3. 生物碱

茶叶中的生物碱包括咖啡因、茶碱、可可碱、嘌呤碱等。咖啡因的功能包括:兴奋中枢神经系统、消除疲劳、提高劳动效率;抵抗酒精、烟碱和吗啡等的毒害作用;强化血管和强心作用;增加支气管和胆管痉挛;控制下视丘的体温中枢,调节体温;降低胆固醇和防止动脉粥样硬化。茶碱功能与咖啡因相似,兴奋中枢神经系统的作用较咖啡因弱,强化血管和强心作用、利尿作用、松弛平滑肌作用比咖啡因强。

4. 维生素

茶叶中含有丰富的多种维生素(见表7-1),这些维生素对人体有多种不同的重要功用。维生素B_1具有维持心脏、神经系统和消化系统的正常功能的作用。维生素B_2具有维持视网膜的正常功能的作用,可以增进皮肤的弹性。维生素B_5具有预防癞皮病等皮肤病的作用。维生素B_{11}具有维持人体的脂肪代谢,参与人体核苷酸的合成的作用。维生素C具有防治维生素C缺乏病,增强身体的抵抗力,促进创口的愈合的作用。维生素E具有阻止人体总脂质的过氧化过程,抗衰老的效用。维生素K具有促进肝脏合成凝血素的作用。

表7-1 每100 g茶叶中维生素含量 单位:mg

茶叶种类	胡萝卜素	维生素B_1	维生素B_2	维生素PP	维生素C	维生素E
红茶	3.87	—	0.17	6.2	8	5.47
花茶	5.31	0.06	0.17	—	26	12.73
绿茶	5.8	0.02	0.35	8.0	19	9.57
砖茶	1.90	0.01	0.24	1.9	—	—

5. 氨基酸

茶叶中含有的氨基酸可达二十多种,其中最多的是茶氨酸,可占茶叶中的氨基酸总量的50%以上。这些氨基酸大多对于维持人体正常的代谢过程有着重要作用。例如,谷氨酸能降低血氨，蛋氨酸能够调整脂肪的代谢。

6. 矿物质和微量元素

经研究发现，茶叶中含有 11 种人体所必需的微量元素。含量最多的无机成分是钾、钙和磷（见表 7－2）。茶叶中的矿物质和微量元素对人体是很有益处的。其中的铁、铜、氟、锌比其他植物性食物要高得多，而且茶叶中的维生素 C 有促进铁吸收的功能。

表 7－2　每 100 g 茶叶中矿物质和微量元素含量　　单位：mg

茶叶种类	钾	钠	钙	镁	铁	锰	锌	铜	磷	硒
红茶	1 934	13.6	378	183	28.1	49.80	3.97	2.56	390	56.00
花茶	1 643	8.0	454	192	17.8	16.95	3.98	2.08	338	8.53
绿茶	1 661	28.2	325	196	14.4	32.60	4.34	1.74	191	3.18
砖茶	844	15.1	277	217	14.9	46.50	4.38	2.07	157	9.40

7. 芳香类物质

茶叶中的芳香类物质包括萜烯类、酚类、醇类、醛类、酸类、酯类等。其中萜烯类是茶叶中含量较高的香气物质之一，有杀菌、消炎、祛痰等作用，可辅助治疗支气管炎。酚类有杀菌、兴奋中枢神经和镇痛的作用，对皮肤还有刺激和麻醉的作用。醇类有杀菌的作用。醛类和酸类均有抑杀霉菌和细菌以及祛痰的功能。酯类在茶叶中具有强烈而令人愉快的花香，可消炎镇痛、治疗痛风，促进糖代谢。

8. 碳水化合物

碳水化合物是由碳、氢、氧三种元素组成的一类化合物，其中氢和氧的比例与水分子中的氢和氧的比例相同，因而被称为碳水化合物，也称糖类。营养学上一般将其分为四类：单糖、双糖、寡糖和多糖。茶多糖是茶叶中的一种生理活性物质，是一种类似灵芝多糖和人参多糖的高分子化合物。它具有降血糖、降血脂和防治糖尿病的功效，同时在抗凝、防血栓形成、增强人体免疫力等方面具有一定的效果。

二、茶叶审评器具

（一）审评室

专供茶叶感官审评的工作室，一般应置于二层楼以上，地面要求干燥，房屋采取南北朝向，室内墙壁和天花板为白色，磨石子地面或铺地板、瓷砖；由北面自然采光，无太阳光直射，室内光线应明快柔和，可装日光灯弥补阴雨天光线不足。室内左右（即东西向)墙面不开窗;背(南)面开门与气窗;正北采光墙面的开窗面积应不少于 35%。室内保持空气流畅,各种设备无明显的杂异气味。四周环境要安静,无杂异气味和噪音源。北面视野宽广,有利于减少视力疲倦。

(二) 审评用具

审评室内应配备评茶用县,包含审评杯碗、汤碗、汤匙、电茶壶(烧水壶)、茶样盘、审评台、样茶橱、定时钟、粗天平或戥秤、叶底盘或搪瓷盘、审评记载表等。审评室面积与评茶用具多少,应根据工作量而定。

1. 审评盘

审评盘也称“样盘”“茶样盘”,是用于盛装审评茶样外形的木盘。审评盘有正方形和长方形,用无气味的木板制成,上涂白漆并编号,盘的一角为一倾斜形缺口。正方形的审评盘,规格为长×宽×高=220 mm×220 mm×40 mm,也有采用规格为 200 mm×200 mm×40 mm 的。审评盘的框板采用杉木板,厚度为 8 mm,底板以五夹板的为好,但不能带异气。

另外,还应备数只大规格的茶样盘,供拼配茶样和分样使用,长×宽×高的规格为 350 mm×350 mm×50 mm,在盘的一角处开一个缺口。

2. 审评杯

审评杯用于开汤冲泡茶叶及审评香气。审评杯为特制白色圆柱形瓷杯,杯盖有小孔,在杯柄对面杯口上有齿形或弧形缺口,容量为 150 mL。审评毛茶有时也用 200 mL 审评杯,其结构除容量外与 150 mL 杯相似。审评青茶(乌龙茶)的杯为钟形带盖的瓷盏,容水量为 110 mL。

3. 审评碗

审评碗用于审评汤色和滋味。审评碗为广口白色瓷碗,碗口稍大于碗底,容量一般为 200 mL。评审杯、碗是配套的,用于审评精茶和毛茶的杯碗若规格不一,则不能交叉匹配使用。审评青茶(乌龙茶)的碗比常规的审评碗略小。审评碗也应编号。

4. 叶底盘

叶底盘用于审评叶底。叶底盘为木质方形小盘,规格为长×宽×高=100 mm×100 mm×20 mm,漆成黑色。也有用长方形白色搪瓷盘用于开大汤评定叶底,比用小木盘审评叶底方法更为正确。

5. 样茶秤

样茶秤用于衡量秤取审评用茶的量。常用感量为 0.1 g 的托盘天平,也用戥秤或手提式天平。

6. 定时器

定时器为用于评茶计时的工具。常规使用可预定5分钟自动响铃的定时钟(器)或用5分钟的沙漏。

7. 汤碗

汤碗为白色小瓷(饭)碗。碗内放茶匙、网匙,用时冲入开水,有消毒清洗的作用。

8. 茶匙

茶匙也称汤匙,用于取茶汤品评滋味的白色瓷匙。因金属匙导热过快,有碍于品味,故不宜使用。

9. 网匙

网匙用于捞取审评碗中茶汤内的碎片末茶,用细密的不锈钢或尼龙丝网制作,不宜用铜丝网,以免产生铜腥味。

10. 水壶

水壶是用于制备沸水的电茶壶,水容量2.5 L～5 L,以铝质的为好,忌用黄铜或铁的壶煮沸水,以防异味或影响茶汤色泽。

11. 吐茶桶

吐茶桶是盛装茶渣、评茶时吐的茶汤及倾倒汤液的容器。它用镀锌铁皮制成,桶高为80 mm,上直径为320 mm,中腰直径为160 mm,呈喇叭状。

12. 审评表

审评表是用于审评记录的表格。表内分外形、汤色、香气、滋味和叶底5个栏目。也有分条索、整碎、净度、色泽、汤色、香气、滋味和叶底8个栏目,在每个栏目中又分较高、相当、稍低、较低、不合格等项或设评分栏。为了便于综合评定茶叶品质,表内常设总评一栏。此外,还有茶名、编号或批、唛、数量、审评人和审评日期、备注等内容。

13. 干评台

检验干茶外形的审评台。在审评时也用于放置茶样罐、茶样盘、天平等,台的高度为850～900 mm,宽度为600 mm,长度视需要而定,台下可设抽斗。台面光洁,为黑色,无杂异气味。

14. 湿评台

开汤检验茶叶内质的审评台。用于放置审评杯碗、汤碗、汤匙、定时器等,供审评茶叶汤色、香气、滋味和叶底用。台的高度为850～900 mm,宽度为600 mm,长度也视需要而定。台面为黑色(也有白色),应不渗水,沸水溢于台面不留斑纹,无杂异气味。

15. 碗橱

碗橱用于盛放审评杯碗、汤碗、汤匙、网匙等。橱的尺寸可根据盛放用具数量而定。一般采用长×宽×高为400 mm×600 mm×700 mm。橱的高度上等分5格,设置5只抽屉。要求上下左右通风,无杂异气味。

16. 茶样贮存桶

茶样贮存桶用于放置有保存价值的茶叶。要求密封性好,桶内放生石灰作干燥剂。

三、茶叶审评流程

(一) 审评取样

取样又称抽样或扦样,是指从一批或数批茶叶中取出具有代表性样品供审评使用。茶叶品质只能通过抽样方式进行检验。因此,样品的代表性尤其重要,必须重视检验的第一步工作——取样。毛茶扦样应从被抽茶中的上、中、下及四周随机扦取。精茶是在匀堆后装箱前,用取样铲在茶堆中各个部位多点铲取样茶,一般不少于8个取样点。被取出的样茶,在拌匀后用四分法逐步减少茶叶数量,然后再用样罐装足审评茶的数量。

(二) 审评用水

评茶用水的优劣,对茶叶汤色、香气和滋味影响极大,尤其体现在水的酸、碱度和金属离子成分上。水质呈微酸性,汤色透明度好;趋于中性和微碱性,会促进茶多酚加深氧化,色泽趋暗,滋味变钝。一般的井水偏碱性的多,江湖水大多数混浊带异味,自来水常有漂白粉的气味。经蒸气锅炉煮沸的水,常显熟汤味,影响滋味与香气审评。新安装的自来水管,含铁离子较多,泡茶易产生深暗的汤色,应将管内滞留水放清后再取水。此外,某些金属离子还会使水带上特殊的金属味,影响审评。评茶以使用深井水,自然界中的矿泉水及山区流动的溪水较好。为了弥补当地水质之不足,较为有效的办法是将饮用水通过净水器过滤,能明显去除杂质,提高水质的透明度与可口性。

经煮沸的水应立即用于冲泡,如久煮或用热水瓶中开过的水继续回炉煮开,易产生熟汤味,有损香气和滋味的审评结果。

(三) 通用型茶叶审评方法

取有代表性的茶样150～200 g放入样盘中,评其外形,随后从样盘中撮取略多于3 g茶叶,在粗天平上(天平感量0.1 g)较为正确地称取3 g茶倒入审评杯内,再从开水壶中冲入沸水至杯满为止(约150 mL),被评茶叶在审评杯内浸泡5分钟,随后将茶汤沥入审评碗内，评其汤色，并闻杯内香气。等香气评好，再用茶匙取近1/2匙茶汤入口评滋味，一般尝味1～2次。最后将杯内茶渣倒入叶底盘中，审评叶底品质。整个评茶操作流程为，取样—评外形—称样—冲泡—沥茶汤—评汤色—闻香气—尝滋味—看叶底。对其中的每一审评项目均应写出评语，有时还加以评分。

1. 外形审评

茶叶外形包括：形态、色泽、整碎、肥瘦、大小、净度、精细、长短、嫩度（级别）以及茶叶的产区、品种、茶别（生产日期）等内容；对包装茶和某些再加工茶而言，还包括用材、文字、色彩、代码、重量等。这些方面的综合，表现了外形品质，不能硬性加以分开，其中任一项之不足，即为“病态”。但对不同的茶叶，要求可以不同，即使是同一审评结果，在某种茶上是优点，对另一种茶叶便可能是缺点。例如，茸毫多对碧螺春、大毫茶而言是一大优点，但对龙井茶来说，却是明显的缺点。各种茶叶对外形有特殊的要求，且侧重各异。在名优绿茶中，干茶色泽是至关重要的品质因子，但红碎茶的色泽只要不是枯灰、花杂，对“乌”和“棕”的颜色不讲究。

审评茶叶外形有两种方法。一种是筛选法，即把150～200 g茶叶放在茶样盘中，双手波折地筛选样盘，使茶叶分层，让精大的茶叶浮在上面，中等的在中间，碎末在下面，再用右手抓起一大把茶，看其条、整、碎程度。筛选法看茶误差较大，它受筛选技巧、时间、速度、用茶量、抓茶数量等因子的影响。例如，较薄的一层面张茶与较厚一层面张茶，均布在样盘中或抓在手中都较难于分别面张茶的多少。

另一种是直观法，把茶样倒入样盘后，再将茶样徐徐倒入另一只空样盘内，这样来回倾倒2～3次，使上下层充分拌和，即可评审外形。直观法评茶的优点是，茶样充分拌和，能代表茶样的原始状态，不受筛选法易出现的种种干扰误差，所以，能较正确而迅速地评定外形。

2. 汤色审评

茶汤的色泽变化很快。特别是冬天评茶，随着汤温的下降，汤色会明显变深。若在相同的温度和时间内比较，红茶变色大于绿茶；大叶种大于小叶种；嫩茶大于老茶；新茶大于陈茶。例如，同一杯海南产的红碎茶。在30分钟内，汤色由红亮转红欠亮，当汤温下降到16 ℃时便开始出现冷后浑。根据茶汤易变色的原则，在10分钟以内观察汤色较能代表茶的原有汤色，如再延长时间，很易把较浅的红茶汤误评为红亮，或把较红亮的汤色误评为欠亮……

另外还必须指出，冬天看红碎茶的汤色。因外界光线比夏天弱，以致茶汤的反射光也弱，这就会给审评上带来误差，易把稍深看成深暗，稍浅看成红明。因此，看汤色时还要考虑不同季节的气温、光线等因子。

名优绿茶的汤色以嫩绿为上，黄绿次之，黄暗为下。要取得嫩绿的汤色，鲜叶嫩度以一芽一叶开展至一芽二叶初展为宜，杀青锅温先高后低，闷抖结合，经1～2分钟后以扬抖为主，从鲜叶到制成干毛茶的全程历时控制在1.5小时以内（摊青不在内），成茶必须干燥,手捻茶叶能成细粉末,这些都是必要的条件。在同样条件下大叶种制绿茶,汤色较黄熟,也较难以保鲜,保鲜期相对较短。

3. 香气审评

香气是感官审评项目之一。指人的嗅觉能辨别的茶叶挥发的各种气味。包括各种香型、异气、高低、持久性等内容。评茶对香气的感觉,是由鼻腔上部的嗅觉感受器接受茶香的刺激而发生的。人们的嗅觉虽很灵敏,但嗅觉的敏感时间也是有限的,如得了感冒、鼻炎及吸烟、饮酒和吃刺激性强的食物后,都会使嗅觉灵敏度降低。

审评茶叶香气,在夏天过3～5分钟即应开始嗅香,在冬天则要更快,最适合于人闻茶香的叶底温度是45 ℃～55 ℃,超过60 ℃就感到烫鼻,但低于30 ℃时就觉得低沉,甚至对微有烟气一类异气茶就难以鉴别。

闻香时整个嗅香过程最好是2～3秒,不宜超过5秒或小于1秒。整个鼻部应深入杯内,这样使鼻子接近叶底,也可扩大接触香气面积,增加嗅觉的能力。呼吸换气不能把肺内气体冲入杯内,以防异气冲淡杯内茶香的浓度而影响审评效果。

在审评香气时可能会发现异味,但又说不出所以然,这主要是依靠平常训练,要多了解与茶叶易接触的物质气味,例如煤烟、炭烟、农药、水果糖、木气、焦茶……当了解这些气味的特点后,碰到茶叶中有异味,就能较迅速地反应并把它判断出来。

4. 滋味审评

滋味是感官审评项目之一,是指人的味觉能感受辨别的茶汤味道,包括物质的各种味道,与纯异浓淡等内容。舌的不同部位对滋味的感觉并不相同,舌中对滋味的鲜爽度判断最敏感,舌尖、舌根次之;舌根对苦味最敏感。在评茶时,应根据舌的生理特点,充分发挥其长处。评滋味时,茶汤温度、吃的数量、辨的时间、嘴吸茶汤的速度、用力大小以及舌的姿态等,都会影响审评滋味的结果。

茶汤温度 最符合评茶要求的茶汤温度是45 ℃～55 ℃,如高于70 ℃就感到烫嘴,低于40 ℃的就显得迟钝,感到涩味加重,浓度提高。

茶汤数量 每次用瓷茶匙取茶汤最好是4～5 mL,多于8 mL感到满嘴是汤,难于在口中回旋辨别,少于3 mL也觉得嘴空,不便于辨味。

尝味时间 把4～5 mL(约1/3匙)茶汤送入口内,在舌的中部2次即可,较合适的时间是3～4秒一般需尝味2～3次。当数只茶的滋味差距不大,但又要评出次序时,应反复尝味验证,才能加深印象,有利于做出较正确的判断。对滋味很浓的茶尝味2～3次后,需用温开水漱漱口,把舌苔上的高浓度的腻滞物洗去后再复评。否则会麻痹味觉,达不到评味的目的。

吸茶汤的速度 从汤匙里吸茶汤要自然,速度不能快,若用力吸即加大茶汤流速,部分汤液从牙齿间隙进入口腔,使齿间的食物残渣也被吸入口腔,与茶汤混合,增加异味感,有碍于正确评茶。

舌的姿态 把茶汤吸入嘴内后,舌尖顶住上层门齿,嘴唇微微张开,舌稍向上抬,使汤摊在舌的中部，再用口慢慢吸入空气，茶汤在舌上微微滚动，连吸 2 次气后，辨出滋味，即闭上嘴，在鼻孔在排出肺内废气，吐出茶汤。若初感有苦味的茶汤，应抬高舌位，把茶汤压入舌的基部，进一步评定苦的程度。

对疑有烟味的茶汤，应把茶汤送入口后，嘴巴闭合，用鼻孔吸气，把口腔鼓大，使空气与茶汤充分接触后，再由鼻孔把气放出。这样来回 2～3 次，对烟味茶的评定效果较好。

5. 叶底审评

叶底是感官审评项目之一，指茶叶经冲泡后留下的茶渣。包括茶叶嫩度、色泽、整碎、大小、净度等内容。我国传统的工夫红、绿毛精茶及地方名茶，在审评中都要评定叶底的嫩度、整碎、色泽诸方面，其中嫩度是评定的主要因子。在评定叶底嫩度时，常会产生两种错觉：一是易把芽叶肥壮，节间长的某些品种误评为茶老；二是陈茶色泽暗，叶底不开展，与同等嫩度的新茶比时，也常把陈茶评为茶老。

对红碎茶的审评，叶底不是主要因子。有时可作为评定内质浓强度的参考。因红碎茶的叶底在一定范围内，常常与内质不相一致。如用较粗老的轻萎凋叶经锤击式转子机打碎，其叶底相当红亮，但香气、滋味常常带有生涩青气。又如春茶叶底柔嫩，但香味醇和，这不是红碎茶所要求的。所以，评定红碎茶时叶底的要求是次要的。

凡是汤色、叶底共同的术语，查见“汤色评语”；外形、叶底共用的术语，查见“外形评语”。

现以青茶为例讲解具体审评方法。目前青茶审评方法有两种，即传统法和通用法。在福建多采用传统法，而台湾、广东和其他地区几乎都使用通用法。传统法：使用 110 mL 钟形杯和审评碗，冲泡用茶量为 5 g，茶与水之比例为 1∶22。审评顺序：外开一香气一汤色一滋味一叶底。先将审评杯碗用沸水烫热，再将称取的 5 g 茶叶投入钟形杯内，以沸水冲泡。一般要冲泡 3 次，其中头泡 2 分钟，第二泡 3 分钟，第三泡 5 分钟。每次都在未沥出茶汤时，手持审评杯盖，闻其香气。在同一香味类型中，常以第 3 次冲泡中香气高、滋味浓的为好。通用法：使用 150 mL 的审评杯和容量略大于杯的审评碗，冲泡用茶量 3 g，茶与水之比为 1∶50。将称取的 3 g 茶叶倒入审评杯内，再冲入沸水至杯满(接近 150 mL)，浸泡 5 分钟后，沥出茶汤，先评汤色，继之闻香气，尝滋味，最后看叶底。

这两种审评方法，只要技术熟练，了解青茶品质特点，都能正确评出茶叶品质的优劣，其中通用法操作方便，审评条件一致，较有利于正确快速得出审评结果。

四、茶叶的鉴别方法

茶叶的感官品评是根据茶叶的形、质特性对感官的作用来分辨茶叶品质的高低。具体的品评方法可以概括为三看、三闻、三品和三回味。品评时，先进行干茶品评，即首先通过观察干茶外形的条索、色泽、整碎、净度来判断茶叶的品质高低，然后再开汤品评,即对干茶进行开汤冲泡,看汤色、嗅香气、品滋味、察叶底,进一步判断茶叶的品质高低。茶叶的鉴别主要有以下几种。

(一) 真假茶叶的鉴别

真茶与假茶一般可用感官品评的方法去鉴别,就是通过人的视觉、感觉和味觉器官,抓住茶叶固有的本质特征,用眼看、鼻闻、手摸、口尝的方法,最后综合判断出是真茶还是假茶。茶叶的真假可以从以下 4 个方面进行鉴别。

1. 叶片

真茶的叶片边缘呈锯齿状,上半部密,下半部稀而疏,近叶柄处平滑无锯齿;假茶叶片则多数叶缘四周布满锯齿,或者无锯齿。

2. 主脉

真茶主脉明显,叶背叶脉凸起。侧脉 7～10 对,每对侧脉延伸至叶缘 1/3 处向上弯曲呈弧形,与上方侧脉相连,构成封闭形的网状系统,这是真茶的重要特征之一;而假茶叶片侧脉多呈羽毛状,直达叶片边缘。

3. 茸毛

真茶叶片背面的茸毛,在放大镜下可以观察到它的上半部与下半部是呈 45°～90°弯曲的;假茶叶片背面无茸毛或与叶面垂直生长。

4. 茎干

真茶叶片在茎上呈螺旋状互生。假茶叶片在茎上通常是对生,或几片叶簇状生长的。

(二) 新茶与陈茶的鉴别

购买茶叶一般说来是求新不求陈。当年采制的茶叶为新茶,隔年的茶叶为陈茶。陈茶是由于茶叶在贮藏过程中受湿度、温度、光线、氧气等诸多外界因素的单一或综合影响,加上茶叶本身就具有陈化性。茶叶在贮藏过程中,其内含成分的变化是产生陈气、陈味和陈色的根本原因。

1. 观干茶色泽

绿茶色泽青翠碧绿,汤色黄绿明亮;红茶色泽乌润,汤色红橙泛亮,是新茶的标志。茶在贮藏过程中,构成茶叶色泽的一些物质会在光、气、热的作用下,发生缓慢分解或氧化,如绿茶中的叶绿素分解、氧化,会使绿茶色泽变得枯灰无光,而茶褐素的增加则会使绿茶汤色变得黄褐不清,失去了原有的新鲜色泽;红茶贮存时间长,茶叶中的茶多酚产生氧化缩合,会使色泽变得灰暗,而茶褐素的增多,也会使汤色变得混浊不清,同样会失

去新红茶的鲜活感。

2. 闻茶叶的干香

科学分析表明，构成茶叶香气的成分有300多种，主要是醇类、酯类、醛类等特质。它们在茶叶贮藏过程中既能不断挥发，又会缓慢氧化。因此，随着时间的延长，茶叶的香气就会由浓变淡，香型就会由新茶时的清香馥郁而变得低闷混浊。

3. 品饮茶味

因为在贮藏过程中，茶中的酚类化合物、氨基酸、维生素等构成滋味的特质有的分解挥发，有的缩合成不溶于水的物质，从而使可溶于茶汤中的有效滋味物质减少。因此，不管何种茶类，大凡新茶的滋味都醇厚鲜爽，而陈茶却显得淡而不爽。

（三）春茶、夏茶和秋茶的鉴别

由于茶树在年生长发育周期内受气温、雨量、光照等影响，并且茶树自身营养条件有差异，各季茶叶的自然品质有所区别。“春茶苦，夏茶涩，要好喝，秋白露（指秋茶）”，这是人们对季节茶自然品质的概括。春茶、夏茶和秋茶的品质特征分为两部分。

1. 干看

从茶叶的外形、色泽、香气上加以判断。凡是绿茶、红茶条索紧结，珠茶颗粒圆紧，红茶色泽乌润，绿茶色泽绿润，茶叶肥壮重实，或有较多茸毛，且又香气馥郁的，是春茶的品质特征。凡是红茶、绿茶条索松散，珠茶颗粒松泡，红茶色泽红润，绿茶色泽灰暗或乌黑，茶叶轻飘宽大，嫩梗瘦长，香气略带粗老者，则是夏茶的品质特征。凡是茶叶大小不一，叶张轻薄瘦小，绿茶色泽黄绿，红茶色泽暗红，且茶叶香气平和的，是秋茶的品质特征。

2. 湿看

湿看就是进行开汤审评，通过闻香、尝味、看叶底来进一步做出判断。冲泡时茶叶下沉较快，香气浓烈持久，滋味醇厚；绿茶汤色绿中透黄，红茶汤色红艳显金圈；茶底柔软厚实，正常芽叶多，叶张脉络细密，叶缘锯齿不明显者，为春茶。凡冲泡时茶叶下沉较慢，香气欠高；绿茶滋味苦涩，汤色青绿，叶底中夹有铜绿色芽叶；红茶滋味欠厚带涩，汤色红暗，叶底较红亮；不论红茶还是绿茶，叶底均显得薄而较硬，对夹叶较多，叶脉较粗，叶缘锯齿明显，此为夏茶。凡香气不高，滋味淡薄，叶底夹有铜绿色芽叶，叶张大小不一，对夹叶多，叶缘锯齿明显的，属于秋茶。

（四）香花茶与拌花茶的鉴别

花茶，又称香花茶、熏花茶、香片等。它以精致加工而成的茶叶（又称茶坯），配以香花窨制而成，是我国特有的一种茶叶品类。花茶既具有茶叶的爽口浓醇之味，又具有鲜花的纯清雅香之气。所以,自古以来,茶人对花茶就有“茶引花香,以益茶味”之说。目前市场上的花茶主要有香花茶与拌花茶。

1. 香花茶

窨制花茶的原料一是茶坯,二是鲜花。茶叶疏松多细孔,细孔具有毛细管的作用,容易吸收空气中的水汽和气体。它含有高分子棕榈酸和萜烯类化合物,也具有吸收异味的特点。花茶窨制就是利用茶叶吸香和鲜花吐香两个特性,一吸一吐,使茶味花香合二为一,这就是窨制花茶的基本原理。花茶经窨制后要进行提花,就是将已经失去的花香的花干进行筛分剔除。高级花茶更是如此,只有少数香花的片、末偶尔残留于花茶之中。

2. 拌花茶

拌花茶就是未经窨花的花茶,拌花茶实则是一种错觉而已。所以从传统观念来看,只有窨花茶才能称作花茶,拌花茶实则是一种假冒花茶。

任务二　代表茗茶的鉴别

一、绿茶类

绿茶是一种不发酵的茶，是我国产量最多的一类茶叶，其花色品种之多居世界首位。典型代表：碧螺春、六安瓜片、龙井、安吉白茶、太平猴魁、黄山毛峰、信阳毛尖等。

1. 西湖龙井（见图 7－2）

■ 产地：产于浙江省杭州市西湖龙井村周围群山，并因此得名。清乾隆游览杭州西湖时，盛赞西湖龙井茶，把狮峰山下胡公庙前的十八棵茶树封为“御茶”。它是中国传统名茶，中国十大名茶之一。

■ 外形：挺直削尖、扁平俊秀、光滑匀齐、较为光润。

■ 色泽：干茶呈翠绿带黄，绿色与黄色浑然天成。

■ 汤色：杏绿，清澈明亮。

■ 香气：香味浓郁，有明显豆香。

■ 口感：口感香郁醇厚，非常丝滑，回甘明显，有清雅的蜜糖甜。

■ 叶底：叶片嫩绿，匀齐成朵，芽芽直立，栩栩如生。

图 7－2　西湖龙井干茶与姿态

2. 洞庭碧螺春（见图 7－3）

■ 产地：产于江苏省苏州市太湖的东洞庭山及西洞庭山（今苏州吴中区）一带，所以又称“洞庭碧螺春”。它是中国传统名茶，中国十大名茶之一。洞庭碧螺春采用茶树与桃、李、杏、梅、柿、桔、白果、石榴等果木交错种植的方式，使得碧螺春茶有着天然的花果香味，是其的标志性特征。

■ 外形：条索纤细、卷曲成螺、绒毛披覆、银绿隐翠。当地茶农形容为“满身毛，铜丝条，蜜蜂腿”。

■ 色泽:干茶呈翠绿带黄,富有光泽。

■ 汤色:嫩绿明亮,自然鲜润,碧螺春一般采用上投法泡茶,第一泡杯底是出现了一层清透的碧色。第二泡的时候芽叶基本全部舒展,全杯汤色碧绿清澈,宛若碧玉。

■ 香气:香味浓烈,明显的花果香,香气馥郁。

■ 口感:顺滑,回甘持久,口味凉甜,鲜爽生津,令人回味无穷。

■ 叶底:叶底柔匀,嫩绿明亮,非常有辨识度。

图 7-3 碧螺春及汤色

3. 黄山毛峰(见图 7-4)

■ 产地:产于安徽省黄山(徽州)一带,所以又称徽茶,它是中国十大名茶之一。

■ 外形:条索纤细,微卷,状似雀舌。干茶叶芽的芽锋应显露,芽毫多者为上品,芽锋藏匿、芽毫少者质差。

■ 色泽:干茶绿中泛黄,银毫显露,且带有黄金片。

■ 汤色:以浅绿或黄绿为宜,并要求清而不浊,明亮澄澈。

■ 香气:茶香清香高淳,馥郁高长,有优雅的兰香之韵,有使人有心旷神怡之感。

■ 口感:浓醇爽口,味鲜而甘甜,回甘明显。

■ 叶底:肥壮,厚实饱满,均匀成朵,通体鲜亮。

图 7-4 黄山毛峰及汤色

4. 安吉白茶(见图 7-5)

■ 产地:产于浙江省安吉县,属于国家地理标志产品。

■ 外形:挺直略扁,形如兰蕙,色泽翠绿,白毫显露,以毫多而肥壮,叶张肥嫩为上品;毫芽瘦小而稀少的为次品。

■ 色泽:毫色银白有光,叶面灰绿或墨绿、翠绿的为上品。

■ 汤色:以杏黄、杏绿、清澈明亮的为上品;泛红、暗浑的为次品。

■ 香气:花香或者清香是安吉白茶的特色之一,无论是干茶还是冲泡后的茶汤,花香越浓,越持久,品质越高;淡薄、青臭、失鲜、发酵感的为次。

■ 口感:鲜爽、醇厚、清甜的为上品;粗涩、淡薄的为次品。

■ 叶底:以匀整、肥软、毫芽壮多、叶色鲜亮的为上品;硬挺、破碎、暗杂、花红、黄张、焦叶红边的为次品。

图 7-5　安吉白茶及汤色

5. 太平猴魁(见图 7-6)

■ 产地:产于安徽黄山市黄山区一带,为尖茶之极品,久享盛名。

■ 外形:扁平挺直,魁伟重实,干扁瘦薄,叶片较大,两叶一芽,可达 5～7 厘米。

■ 色泽:苍绿匀润。"苍绿"是高档猴魁的特有色泽,"匀润"即茶条绿较深且有光泽,色度很匀不花杂、毫无干枯暗象。

■ 汤色:嫩绿清澈明亮。"嫩绿"是指绿色中略带点青,与青苹果的颜色有些相像;茶汤十分清澈,透明度极好,明亮且毫无混浊。猴魁的茶汤色泽较稳定,不易被氧化而发黄发红。

图 7-6　太平猴魁干茶与姿态

■ 香气:蕴有诱人的兰花香,冷嗅时仍香气高爽,持久性强。

■ 口感:鲜爽醇厚,回味甘甜,不苦不涩,独具“猴韵”。

■ 叶底:叶底大多为嫩匀肥壮,枝枝成朵,色泽嫩黄绿明亮。

6. 六安瓜片(见图 7-7)

■ 产地:产于安徽黄山市黄山区一带,为尖茶之极品,久享盛名。

■ 外形:似瓜子,片卷顺直、叶缘微翘,不含芽尖,长短相近、粗细均匀的条形、大小一致。

■ 色泽:铁青翠绿。

■ 汤色:黄绿、清澈明亮。

■ 香气:一股透鼻的清香茶气息、有板栗香或者幽香。

■ 口感:醇正回甘、鲜爽生津。

■ 叶底:嫩绿明亮。

图 7-7 六安瓜片及汤色

二、红茶类

红茶是一种全发酵的茶,发酵度为 80%~90%。典型代表:祁门红茶、云南滇红、正山小种等。

1. 祁门红茶(见图 7-8)

■ 产地:产于安徽黄山市黄山区一带,为尖茶之极品,久享盛名。

■ 外形:条索紧结细小如眉,苗秀显毫。

■ 色泽:乌黑油润,富有光泽。色泽不一致,有死灰枯暗的茶叶,则质量次。

■ 汤色:红艳明亮,杯沿内有一道明显的金黄圈。

■ 香气:清香持久,似果香又似兰花香,具有“祁门香”之称。

■ 口感:甘鲜醇厚。滋味苦涩的为次,滋味粗淡的为劣。

■ 叶底:嫩度明显、整齐、叶色鲜艳。叶底花青的为次,叶底深暗多乌条的为劣。

图 7－8　祁门红茶及汤色

2. 云南滇红(见图 7－9)

■ 产地：产于云南省南部与西南部的临沧、保山、风庆、西双版纳、德宏等地。

■ 外形：条索紧细肥硕，身骨重实，金色毫毛显露。

■ 色泽：乌润，富有光泽。

■ 汤色：红浓明亮，金圈突出。冷却后立即出现乳凝状的冷后浑现象，冷后浑早出现者是质优的表现。

■ 香气：高扬馥郁，带有焦糖味。

■ 口感：甘鲜醇厚，回味悠长。

■ 叶底：柔嫩，红匀明亮。

图 7－9　云南滇红及汤色

3. 正山小种(见图 7－10)

■ 产地：又称拉普山小种，产于福建省武夷山市桐木地区，是世界上最早的红茶。

■ 外形：条索肥实，有点铁青带褐。

■ 色泽：乌黑油润。

■ 汤色：金黄色偏深红，并且通过阳光可以看到茶叶的颜色是通透而有光泽。

■ 香气：特有的松烟香，细闻带有天然的蜂蜜花香味。

■ 口感：较为鲜淳厚，并带有很香的桂圆汤味。

■ 叶底：叶片整齐，柔软，发醉均匀，呈古铜色。

图 7-10　正山小种及汤色

三、青茶类

青茶又称乌龙茶,属于半发酵茶,独具鲜明特色的茶叶品类。典型代表:铁观音、大禹岭乌龙、东方美人、凤凰单枞、大红袍、水仙、肉桂等。

1. 铁观音(见图 7-11)

■ 产地:产于福建泉州市安溪县西坪镇,是中国十大名茶之一。
■ 外形:条索卷曲肥壮、结实、沉重,枝心重硬,呈现出蜻蜓头形状。
■ 色泽:乌黑油润,砂绿明显(新工艺中,红镶边大多已去除)。
■ 汤色:橙黄明亮,浓艳清澈。
■ 香气:清高馥郁、持久,带有兰花香或者生花生仁香。
■ 口感:醇厚,鲜爽,厚而不涩,稍带蜜味,富有"韵味"。
■ 叶底:柔软,肥厚明亮,"青蒂绿腹"明显,具有绸面光泽。

图 7-11　安溪铁观音及汤色

2. 东方美人(见图 7-12)

■ 产地:是中国台湾独有的名茶,又名膨风茶,主要产地在中国台湾的新竹、苗栗一带,近年台北坪林、石碇一带亦是新兴产区。

■ 外形:上叶面白,下叶面黑,茶芽肥壮,显白毫,茶条较短。

■ 色泽:有红黄白褐青五种颜色,较为绚丽。

■ 汤色:呈红橙金黄色,有琥珀色的明亮润泽感,透亮。

■ 香气:高且重、有熟果香和蜜香。

■ 口感:鲜爽甘甜、生津。甘醇而不生涩,滑润爽口。

■ 叶底:淡褐色有红边,叶片完整。

图 7-12　东方美人及汤色

3. 大红袍(见图 7-13)

■ 产地:产于福建武夷山,属乌龙茶,品质优异。

■ 外形:条索紧结壮实,匀整。

■ 色泽:绿褐鲜润。

■ 汤色:橙黄明亮,清澈艳丽。

■ 香气:馥郁的兰花香,香高而持久,“岩韵”明显。

■ 口感:无明显苦涩,有质感,润滑,回甘显,回味足。

■ 叶底:红绿相间(绿叶红镶边),叶片柔软匀齐。

图 7-13　大红袍及汤色

四、白茶类

白茶属于轻度发酵茶,发酵度为 20%～30%,是我国的特产。典型代表:白毫银针、白牡丹、贡眉。

1. 白毫银针(见图 7－14)

■ 产地:白毫银针主要产区为福鼎、政和、松溪、建阳等地,属有中国十大名茶的称号,素有茶中“美女”“茶王”之美称。

■ 外形:芽头肥壮,遍披白毫,挺直如针,色白似银。

■ 色泽:白富光泽。

■ 汤色:较浅、呈杏黄色。

■ 香气:毫香、花香、有些豆奶香、粽叶香等。

■ 口感:清鲜爽口,甘醇。

■ 叶底:嫩、亮、匀整。

图 7－14　白毫银针及汤色

2. 白牡丹(见图 7－15)

■ 产地:白牡丹主产于中国福建省的南平市政和县、松溪县、建阳区和福鼎市,是中国福建省历史名茶。

■ 外形:通常一芽一叶或一芽二叶,叶背遍布洁白茸毛。

■ 色泽:呈暗青苔色。

■ 汤色:杏黄或橙黄色,清澈透亮。

■ 香气:芬芳馥郁,有明显毫香,青草香及花香。

■ 口感:鲜香醇厚,清润甘甜。

■ 叶底:嫩匀完整,叶脉微红,布于绿叶之中,有“红装素裹”之誉。

图 7－15　白牡丹及汤色

3. 贡眉(见图 7－16)

■ 产地:贡眉主产于中国福建省的南平市的松溪县、政和县、建阳区、建瓯市、浦城县等地,是白茶中产量最高的一个品项,其产量约占到了白茶总产量的 50%以上。

■ 外形:条索精致细秀,匀整,毫多肥壮,叶张幼嫩。

■ 色泽:灰绿或墨绿,色泽调和。

■ 汤色:浅橙黄色,清澈透亮。

■ 香气:清高鲜爽,带有淡淡的甜花香。

■ 口感:清甜醇厚。

■ 叶底:叶质柔软匀亮,呈黄绿色。

图 7－16　贡眉及汤色

五、黄茶类

黄茶是微发酵茶,发酵度为 10%～20%。黄茶也是我国特有的茶类。典型代表:蒙顶黄芽、君山银针、霍山黄芽。

1. 蒙顶黄芽(见图 7－17)

■ 产地:蒙顶黄芽是芽形黄茶之一,产于四川省雅安市蒙顶山。

■ 外形:条索紧实细嫩,匀齐,牙毫显露,扁平挺直。

■ 色泽:嫩黄油润。

■ 汤色:嫩黄透彻,润泽明亮。

■ 香气:芬芳浓郁,带有独特的甜香。

■ 口感:鲜醇回甘,口感爽滑,滋味醇厚。

■ 叶底:全芽,叶片明黄鲜活,芽叶均匀整齐。

图 7-17　蒙顶黄芽及汤色

2. 君山银针(见图 7-18)

■ 产地:君山银针产于湖南岳阳洞庭湖中的君山。
■ 外形:肥壮挺直、匀齐,满披茸毛,似银针纤细。
■ 色泽:金黄光亮。
■ 汤色:橙黄明净,清澈透亮。
■ 香气:清香,淡雅。
■ 口感:甘醇甜爽。
■ 叶底:嫩黄,肥厚匀亮。

图 7-18　君山银针及汤色

3. 霍山黄芽(见图 7-19)

■ 产地:霍山黄芽产于安徽省霍山县,国家地理标志产品。
■ 外形:条索紧实肥壮,粗细一致,富有茸毛,嫩度高。
■ 色泽:嫩黄。
■ 汤色:黄绿明亮,清而不浊。
■ 香气:清香,花香,熟板栗香。
■ 口感:鲜爽甘醇,浓厚回甘。
■ 叶底:叶质柔嫩,颜色一致,均匀。

图 7-19　霍山黄芽及汤色

六、黑茶类

黑茶属于后发酵茶，发酵度为 100%，是我国特有的茶类。典型代表：湖南黑毛茶、湖北老青茶、广西六堡茶、云南普洱茶和四川边茶。

1. 湖南茯砖茶(见图 7-20)

■ 产地：最早产于湖南安化县生产。湖南黑毛茶有散茶和砖茶之分，其中砖茶最为出名。

■ 外形：砖茶砖面平整，花纹图案清晰，棱角分明，厚薄一致，带有“金花”。

■ 色泽：黑褐色。

■ 汤色：新茶橙黄明亮，老茶红亮如琥珀。

■ 香气：纯正，新茶带甜酒香或松烟香，老茶带陈香。

■ 口感：新茶入口甘甜，醇厚而不腻，老茶润滑回甘。

■ 叶底：老嫩尚匀，有梗有叶。

图 7-20　茯砖茶及汤色

2. 广西六堡茶(见图 7-21)

■ 产地：广西六堡茶产于广西壮族自治区梧州市特产，中国国家地理标志产品。

■ 外形：条索长整紧结，匀整，有一层灰霜。

■ 色泽:偏褐红或棕色,光润。

■ 汤色:陈亮明净,越老的汤色越红越透亮。

■ 香气:有明显陈味,厚重。

■ 口感:醇厚顺和,甘醇可口,有松烟和槟榔味。

■ 叶底:叶片富有弹性,呈红褐色。

图 7-21　广西六堡茶及汤色

3. 云南普洱茶(见图 7-22)

■ 产地:云南普洱茶主要产于云南省的西双版纳、临沧、普洱等地区。普洱茶有生普和熟普之分,熟普属于黑茶类。

■ 外形:条索紧实肥壮,完整度高。

■ 色泽:棕褐或褐红色,油润光泽。

■ 汤色:红浓明亮,具有“金圈”,汤上面有油珠形的膜。

■ 香气:陈香显著,浓郁醇正,带有中药香,干桂圆香,樟香等,香气悠久。

■ 口感:顺滑回甘,浓醇润喉,生津明显。

■ 叶底:色泽褐红,匀亮,花杂少,叶张完整,叶质柔软,不腐败,不硬化。

图 7-22　云南普洱及叶底

任务三　茶叶的贮藏

一、影响茶叶变质的因素

茶叶是一种吸附性极强、不耐氧化的物品，收藏不当，很容易发生不良变化，如变质、变味、陈化等。造成茶叶变质、变味、陈化的主要因素有温度、水分、氧气和光线，这些因素个别或互相作用而影响茶叶的品质。

1. 温度

氧化、聚合等化学反应与温度的高低成正比。温度越高，反应的速度越快，茶叶陈化的速度也就越快。实验结果表明，温度平均每升高 10 ℃，茶叶色泽褐变的速度就加快 3～5 倍。如果将茶叶存放在 0 ℃以下的地方，就可以较好地抑制茶叶的陈化和品质的损失。

2. 水分

水分是茶叶陈化过程中许多化学反应的必需条件。当茶叶中的水分在 3%左右时，茶叶的成分与水分子呈单层分子关系，可以较有效地延缓脂质的氧化变质；而茶叶中的水分含量超过 6%时，陈化的速度就会急剧加快。因此，要防止茶叶水分含量偏高既要注意购入的茶叶水分不能超标，又要注意贮存环境的空气湿度不可过高，通常保持茶叶水分含量在 5%以内。

3. 氧气

氧气能与茶叶中的很多化学成分相结合而使茶叶氧化变质。茶叶中的多酚类化合物、儿茶素、维生素 C、茶黄素、茶红素等的氧化均与氧气有关。这些氧化作用会产生陈味物质，严重破坏茶叶的品质。所以茶叶最好能与氧气隔绝开来，可使用真空抽气或充氮包装贮存。

4. 光线

光线对茶叶品质也有影响，光线照射可以加快各种化学反应，对茶叶的贮存产生极为不利的影响。特别是绿茶放置于强光下太久，很容易破坏叶绿素，使得茶叶颜色枯黄发暗，品质变坏。光能促进植物色素或脂质的氧化，紫外线的照射会使茶叶中的一些营养成分发生光化反应，故茶叶应该避光贮藏。

二、茶叶的贮藏

明代王象晋在《群芳谱》中，将茶的保鲜和贮藏归纳成三句话："喜温燥而恶冷湿，喜清凉而恶蒸郁，宜清独而忌香臭。"唐代韩琬的《御史台记》写道："贮于陶器，以防暑湿。"宋代赵希鹄在《调燮类编》中谈道："藏茶之法，十斤一瓶，每年烧稻草灰入大桶，茶瓶坐桶中，以灰四面填桶瓶上，覆灰筑实。每用，拨灰开瓶，取茶些少，仍覆上灰，再无蒸灰。"明代许次纾在《茶疏》中也有述及："收藏宜用瓷瓮，大容一二十斤，四周厚箬，中则贮茶，须极燥极新，专供此事，久乃愈佳，不必岁易。"说明我国古代对茶叶的贮藏就十分讲究。

(一) 茶叶贮藏的环境条件

基于茶叶易于变质、变味、陈化的特点，贮藏时必须采取科学的方法。茶叶贮藏的环境条件有：低温；干燥；无氧气；不透明(避光)；无异味。

(二) 茶叶的贮存

茶叶保存的总原则是：让茶叶充分干燥，不能与带有异味的物品接触，避免暴露与空气接触和受光线照射；不要让茶叶受挤压、撞击，以保持茶叶的原形、本色和真味。具体可采用以下方法。

1. 普通密封保鲜法

普通密封保鲜法也称为家庭保鲜法。将买回的茶叶立即分成若干小包，装进事先准备好的茶叶罐或筒里，最好一次装满盖上盖子，在不用时不要打开，用完将盖子盖严。有条件的可在器皿筒内适当放些用布袋装好的生石灰，起到吸潮和保鲜的作用。

2. 真空抽气充氮法

真空抽气充氮法是将备好的铝箔与塑料做成的包装袋，采取一次性封闭真空抽气充氮包装贮存，也可适当加入些保鲜剂。但一经启封后，最好在短时间内用完，否则开封保鲜解除后，时间久了同样会陈化变质。在常温下贮藏一年以上，仍可保持茶叶原来的色、香、味；在低温下贮藏，效果更好。

3. 冷藏保鲜法

用冰箱或冰柜冷藏茶叶，可以收到令人满意的效果。但要注意防止冰箱中的鱼腥味污染茶叶，另外茶叶必须是干燥的。温度保持在−4 ℃～2 ℃不变，必须要经过抽真空保鲜处理，否则，茶叶与空气相接触且外界冷热相遇，水分和氧气会形成水汽珠，而凝结在茶叶上，加速茶叶变质。

总之，家庭所用茶叶最好分小袋包装，以减少打开包装的次数，然后再放入茶叶罐；而且家用茶叶罐宜小不宜大。一只茶叶罐中只装一种茶叶，不可多种茶叶装入一个茶叶罐中。另外，贮藏茶叶要注意茶叶罐的质地，绝不能用塑料或其他化学合成材料制品；选用锡制品贮藏较好，它的密封性能相当突出，有利于茶叶防潮、防光、防氧化、防异味。此外，放好茶的茶叶罐切勿放在阳光直接照射的地方，应放在密封的黑暗干柜中，或密封好放入冰箱的冷藏柜里，切不可将茶叶和香烟、香皂和樟脑丸等放置于同一个柜内。原则上，茶叶买回后最好尽快喝完，绿茶在一个月之内趁新鲜喝完最好，半发酵或全发酵的茶也最好在半年内喝完。

【知识拓展】

龙井问茶的故事

白牡丹的由来

正山小种的由来

铁观音的由来

【项目回顾】

通过本单元的学习，学习者可对茶叶的评审有更深层的认识和了解，能够运用茶叶的审评和鉴别基本知识初识茶的优劣；本单元还介绍了六大类茶中的各个代表性的茶叶的鉴赏；学习者可了解影响茶叶变质的主要因素的基础上，学会正确贮藏茶叶的方法。

【技能训练】

1. 将泡好的茶汤放在桌上,组织学生品评茶汤,并将感受记录下来。
2. 教师讲解茶叶的品评方法后,请学生到台前进行识茶练习。
3. 练习分析茶叶的真、假、新、陈和季节。
4. 20种常见茶样的识别。

【自我测试】

1. 选择题

(1) 毛茶扦样应从被抽茶中的( )随机扦取。

A. 上、中、下　　B. 四周

C. 上、下和四周　　D. 上、中、下和四周

(2) 审评茶叶外形的筛选法是把( )茶叶放在茶样盘中,双手筛选样盘,使茶叶分层,让精大的茶叶浮在上面,中等的在中间,碎末在下面,再用右手抓起一大把茶,看其条、整、碎程度。

A. 50～100 g　　B. 100～150 g

C. 150～200 g　　D. 150～200 g

(3) 舌的不同部位对滋味的感觉并不相同,舌中对滋味的鲜爽度判断最敏感,舌尖、舌根次之;舌根对( )最敏感。

A. 苦味　　B. 甜味　　C. 酸味　　D. 辣味

(4) 要防止茶叶水分含量偏高既要注意购入的茶叶水分不能超标,又要注意贮存环境的空气湿度不可过高,通常保持茶叶水分含量在( )以内。

A. 3%　　B. 5%　　C. 7%　　D. 10%

(5) 以下( )不属于白茶。

A. 贡眉　　B. 白牡丹　　C. 白毫银针　　D. 安吉白茶

(6)“满身毛,铜丝条,蜜蜂腿”是形容( )一类茶。

A. 碧螺春　　B. 白牡丹　　C. 大红袍　　D. 竹叶青

(7) 发酵度为10%～20%是( )一类茶。

A. 红茶　　B. 绿茶　　C. 白茶　　D. 黄茶

(8) 发酵度为100%的是( )一类茶。

A. 红茶　　B. 白茶　　C. 黑茶　　D. 青茶

(9) 普洱茶中( )属黑茶。

A. 广西六堡茶　　B. 生普　　C. 六安瓜片　　D. 大红袍

(10) 以下( )属绿茶。

A. 黄山毛峰　　B. 蒙顶黄芽　　C. 君山银针　　D. 霍山黄芽

2. 简答题

(1) 简述通用型茶叶审评方法。

(2) 简述影响茶叶变质的因素。

(3) 简述在生活中常用的茶叶的贮存方法。

项目八　茶艺的美学鉴赏

学习目标

- 了解茶席设计的历史。
- 掌握茶席设计、茶主题的创作。

项目导读

茶叶本身是一种具有美学价值的物质，具有外形美、内在美、品格美等，茶叶还是一种美的载体，在以冲泡茶叶为中心的茶事活动中，茶叶承载着极为丰富的美：茶器之美、茶人之美、行茶之美、茶席之美、茶空间之美等，本项目侧重阐述茶席之美和茶空间之美，为饮茶创造优美的环境。

✓音视频资源
✓拓展文本
✓在线互动

任务一　茶席设计与赏析

一、茶席与茶席设计

（一）茶席

1. 茶席的定义

近年来，茶席设计活动兴起，引起人们的关注，开始研究茶席，对于“茶席”一词的定义，存在多种理解。

2008 年，丁以寿主编的《中华茶艺》一书中这样定义茶席，茶席分狭义和广义，狭义的茶席单指从事泡茶、品饮或兼及奉茶而设的桌椅或地面，广义的茶席则在狭义的茶席之外还包含茶席所在的房间，甚至还包含房间外面的庭院。

本书所讲的“茶席”，指因泡茶、品饮或兼及奉茶而设计装饰的桌椅或地面和背景，是茶艺之美最核心的表达之一。按照历史上的朝代可以分为唐代茶席、宋代茶席、明代茶席、清代茶席、当代茶席。按照用途分为普通茶席和艺术茶席。还可以按照国家分类。另外还有分类不明确的如：室内茶席（见图 8－1）、野外茶席（见图 8－2）、主题茶席等。

图 8－1　室内茶席

图 8－2　野外茶席

2. 茶席的功能

茶席存在的意义在于它具有实用功能和审美功能。在具体的茶席设计中，存在着三种情况。一种偏重体现茶席的实用功能，这种茶席虽然侧重实用，但还是有美的表达，与茶相关的所有事物本身就能表达美。一种偏重体现茶席的审美功能，这种茶席的实用功能或者较弱,或者直接不体现。还有一种兼具实用功能和审美功能,这种茶席的设计符合人体工程学的要求,方便茶叶冲泡所有环节的操作,而且能体现出较高的审美价值。

茶席的实用功能表现在,茶席存在的环境要适宜品茗,席面上各种器具的摆放既要体现器具本身的美,方便操作,又要符合我国传统礼仪的要求。如器具摆放时,要"前高后低",展现主要茶具,尽可能让所有的器具都至少展现出来,要把器具摆在泡茶者伸手即能拿到的地方,煮水器的嘴不能对着客人等。

茶席是茶艺之美的最直观的表达。以茶为中心,冲泡、品饮茶叶均要在这一方小小的茶席上进行,茶席展示着茶器之美、茶人之美、行茶之美。中国的饮茶史,也是茶具的发展史。陶器浑厚,或粗狂或细腻,瓷器温润如玉,金属器皿稳重大气,玻璃茶器晶莹剔透,都美轮美奂。茶席,只有人的参与才具有生机。茶人的形象气质之美是对茶席之美的衬托,茶人神情的微笑向暖、安之若素,能衬托出茶的底蕴和美感。行茶,也发挥了茶席的实用功能。茶人运壶行茶的动静相宜、低调内敛,是茶席上最动人的细节。

3. 茶席的布局

茶席的布局,讲究动静结合、疏密有致、顾盼呼应。从茶席的功能区域来说,主要有泡茶区和品茗区,如图 8-3 所示,泡茶区的核心是盖碗(壶)和公道杯,品茗杯属于品茗区。盖碗处于整个茶席的最中心位置,以盖碗为中心,公道杯放置在盖碗的右前方,品茗杯放置在盖碗的左前方,露出整个盖碗。从空间分布来看,呈开放状,以盖碗为中心,有左右之分,左右干湿分明,左干右湿;有前后之分,中间部分前高后底,整个席面的最前面由左往右依次是花器、品茗杯、煮水器,形成第一条主线,最后面由茶则、茶匙、盖碗、茶巾、水盂形成第二条主线,中间由茶叶罐和公道杯形成第三条辅线,形成茶具组合在体量、轻重等方面的均衡和稳定。茶人端坐于茶席,这样的布局符合人体工学的原理,保证茶人能规范优雅的冲泡茶叶,避免出现过多的动作或者动作幅度过大而分散品饮者对茶的关注。

图 8-3 户外茶席

(二) 茶席设计

2005 年,乔木森在其著作《茶席设计》中将茶席设计定义为以茶为灵魂,以茶具为主体,在特定的空间形态中,与其他的艺术形式相结合,共同完成的一个有独立主题的茶道艺术组合整体。乔木森认为,茶席构成的基本要素由茶、茶具组合、铺垫、插花、焚香、挂画、相关工艺品、茶点茶果、背景九项组成。茶是茶席设计的灵魂,也是茶席设计的思想基础。

基于本书对茶席定义的理解,茶席设计应指以茶具为主要器具,以铺垫作为辅助材料,并与插花艺术相结合,布置出具有一定意义或功能的茶席。

1. 茶席设计的原则

茶席设计须遵循实用原则。首先必须借助人体工程学的原理,对茶席的结构,活动的空间范围,人的健康舒适以及经济高效等方面进行必要的研究和思考。其次是选用的茶具必须实用,只有两者结合,才能设计出方便操作的茶席。

茶席设计要遵循审美原则。选用的各种器具要具有一定的美感,组合摆放器具要讲究科学,符合审美需求,器、席、人、境要协调,互相映衬,表现出整体的和谐美。

茶席设计要遵循综合原则。选用的器具在质感、色彩、风格等方面要综合考虑,虽说各种器具都有自身的美,但是,要摆放在一起,必须兼顾到席面上的其他器具,使茶席呈现出一种统一协调的感觉。

茶席设计必须遵循独立原则。设计茶席时,必须考虑到茶席本身既是特定空间中的一个组成部分,又是一个独立存在的个体,即使把茶席转移到其他地方,茶席一样展现出美感,一样能发挥它的功效。茶席设计是一种新兴的空间设计美学,与一般的空间设计不同,茶席设计要在方寸之间进行,并体现出一定的立体感,因此茶席设计是独立的。

2. 茶席设计的基本要素

茶席是一个由人、茶、器、物、境组成的美学空间,下面主要介绍茶、茶具组合、铺垫、插花、背景、茶点茶果。

(1) 茶

茶,是茶席设计的灵魂,一切茶席设计都要离不开茶。我国的茶叶有六大类,品种花色繁多。茶席设计时,有两种常见的选茶方式。最常见的一种是依据茶事活动的需求选茶,茶事活动中,活动主题的表达、客人的爱好影响着选茶。春天,新茶上市,正是茶区各种茶事活动纷至沓来的时候。这段时间的活动,选的一般是当季的新茶。如缙云的茶事活动,选的一般是缙云黄茶;冰岛采茶节,肯定以冰岛茶为主。因为选的茶不同,茶席设计也就相应的根据茶叶的风格、茶叶蕴含的文化、当地的历史文化、自然风光等来确定选用的器具。

另一种是根据爱好选茶,想喝什么就选什么。我国茶叶成百上千种,产地不同,外形、色泽、香味、滋味千变万化,制茶人也不计其数,任何一个点,都可能激发人喝茶的欲望。如太平猴魁、龙井、瓜片、铁观音,外形特征鲜明,具有极高的欣赏价值。大红袍、凤凰单枞,香气清奇,极具诱惑。普洱生茶,滋味醇厚、香气复杂、层次感鲜明,让人心生向往。这些,只要有一个点吸引人,一个茶席就因此而诞生。这种确定茶的方式比较随性,具有浓郁的感情色彩,茶席设计也可以随性一些,凸显个性,不拘泥于固有的搭配习惯和认识,器具的质地、色彩、组合等方面都可大胆尝试。

(2) 茶具组合

茶具组合是茶席设计的基础,是茶席构成要素的主体,是茶席总体格调和内容体现的主要载体。我国的茶具组合始于唐代,陆羽是茶具组合的创立者,在《茶经·四之器》中,首次出现了由陆羽设计和归整的24件茶器以及附件的完整组合。历代茶人对茶具在形式、内容和功能上不断创新发展,并融入人文精神,使茶具组合这一特定的艺术形式在人们的物质和精神生活中发挥着积极的作用。品茗时,茶叶未冲泡,最先映入眼帘的便是席面上的茶具,其色彩、质感和风格等都是吸引人的地方,也反映出茶席设计者的审美情趣和内心感触,通过茶席,茶与人、人与人之间的交流,才能开展并有序进行。

"茶具组合"包括了冲泡茶叶的各种器皿:盖碗或壶、壶承、杯子、杯托、公道杯、水盂、煮水器、茶道组、茶叶罐、茶则、茶巾、花器等。茶具组合的设计必须以茶为中心,如果是碧螺春,选用的茶具一般为玻璃茶具,透过玻璃,舒展的茶芽根根挺立,如亭亭玉立的曼妙女子,体现其视觉观赏价值。也可以选用颜色浅淡、质感细腻、雅致精巧的瓷器,也能体现出碧螺春精致高雅大气的文化内涵。如果是黑茶,首选紫砂,二者的风格和文化底蕴比较相配,紫砂还能优化黑茶的香气和滋味。如果是红茶,清饮的最佳选择一定是白瓷,白瓷配红艳的茶汤,最能互相映衬,呈现出一种浓郁而艳丽的美。

茶席设计中使用的茶具,首要条件绝不能有破损,这是对品饮者的尊重和重视,也是茶席审美的需求。其次,摆放时,要符合我国传统文化习俗。如壶嘴不能正对着品饮者,因为其寓意是"去",盖碗出汤、公道杯分茶的时候不能底部对着品饮者,不论从礼仪的角度还是从审美的角度,底部对着人都是不应该的。最后,不论选用何种材质、质感、款式、色彩,茶具组合在一起要能体现美。

(3) 铺垫

茶席的铺垫(见图8-4)包括了桌布和桌席,人们通常把茶席上的"桌席"称为"茶席"。桌布是最基础的铺垫,看似不起眼,却是奠定整个茶席的色彩和风格的基础,就像人们拍照,一定要挑选一个自己喜欢的背景,桌布就像拍照的背景一样,色彩和质地挑

图8-4 野外茶席(递进式铺垫)

选得当，能衬托面上的一切器具。选择桌布，主要考虑两个因素，一个是色彩，一个是质地。桌布的色彩，比较百搭的是深色系和白色，色彩有冷暖之分，绿色、蓝色是冷色，红色和黄色是暖色；色彩有轻重之分，颜色越浅越明亮，越具有轻盈感，反之则重；色彩有软硬之分，纯度越高、越鲜艳，越显得柔软，纯度越低、越暗的，显得越生硬；色彩有缩扩之分，冷色和深色视觉上是收缩的，暖色和浅色在视觉上是扩张的。桌布的色彩适宜选用纯度低的，才会不影响茶席的中心——茶。

桌布的质感也极大地影响着茶具组合的选配。质感的常规体现有细腻、粗糙之分，质感细腻的一般更精致，与茶文化的主体风格更契合，适应面更广。质感粗糙的在特定的茶席设计中会用到，如表现民族粗犷风格，表现比较质朴、原始的状态的，表现比较男性化的风格的等，会增强表达效果。在挑选茶具组合时，茶具的色彩和质感必须在风格上与桌布形成统一和呼应。在花器和花的选择上，虽重点考虑的是与茶具组合的搭配，但也同样要以桌布为基础，不能产生冲突矛盾。

桌席（见图 8－5），从面料、款式、色彩和质感上比桌布更富于变化。从材质上看，有棉麻的、有特殊材料的；从款式上看，有各种各样花纹的，有净色的，有长有短、有宽有窄。从色彩看，可谓五颜六色，丰富至极，色谱上的所有色彩都可以能在桌席上看到。从质感上看，有粗糙的，有细腻的，一般麻、纸质的比较或稍微粗糙，特殊材质的、棉的比较细腻。这些可以单独用也可以混合使用，在组合的时候，可以采用递进式或叠加式。

图 8－5　草编壶承

（4）插花

茶席插花（见图 8－6），自古以来就有不同的看法。有人认为“有花宜茶”，有人则认为不宜茶。宋朝胡仔认为，“唐人以对花啜茶，谓之煞风景”。李商隐《义山杂纂》列举了几种当时被看作煞风景的事，“清泉濯足，花下晒裤，背山起楼，烧琴煮鹤，对花啜茶，松下喝道”。王安石有诗曰：“碧月团团堕九天，封题寄与洛中仙。石楼试水宜频啜，金谷看花莫漫煎。”都认为不宜对花饮茶。

虽有“茶不宜花”的声音，但是主流仍然是“宜对花品茗”。宋代人有“文人四雅”：点茶、插花、挂画、焚香。明代袁宏道《瓶史》提出：“花，茗赏者上也，谈赏者次也，酒赏者下也。”袁宏道认为，品茗时应该有最清雅的插花来彰显茶的品质，才足以表现出文人的追求和风骨。以袁宏道为代表的文人插花，为茶席插花提供了理论参考依据。明代曹臣在《舌华录》中说：“花令人韵”，韵是一种极具艺术的气质之美。从明代开始，插花便经常出现在饮茶的台面上，菊花、芍药、松枝、竹枝、各种果实等，已经成为装饰饮茶桌面和丰富饮茶活动的一个项目。如明代丁云鹏的《玉川煮茶图》，陈洪绶的《停琴啜茗图》都有插花入席。花宜茶，插花入席已经成为现代茶席与自然有机结合的纽带之一，通过以花入席来增添茶席的审美意蕴。

图 8-6 茶席插花

茶席插花宜简洁、淡雅、精致、小巧，追求崇尚自然、朴实低调、清雅灵秀的风格。茶席插花，花材、花器和插制类型必须与茶为中心，与茶具、铺垫相得益彰，在茶席上既要起到画龙点睛的作用，还不能遮掩茶的光彩，与茶的关系，插花永远是配角。选用的花材不拘泥于形式，除却市场上的鲜切花材，房前屋后、山野林间、田间地头，但凡是应季生长的花花草草，均可入席。花器可以采用中式传统插花所用的六大器皿，盘、碗、瓶、篮、缸、筒，根据所设茶席的风格和色彩确定，目前用得比较多的分别是瓶花、篮花、碗花，一般常取能体现自然、柔和或野趣的竹制品、木制品、草编、藤编的，也常用陶器，重在质朴稳重的特点，还有使用铜器的，铜制花器是我国古代插花中最受欢迎的器皿，或古朴典雅，或精致细腻，用来插花，还可以延长花期。

茶席插花的插制方法可以随性而为，也可以采用中式传统的插制方法。在国内，专业的茶席插花还没有，但是很多流派的一些插法和作品都适用于茶席，只要满足简洁、淡雅、精致、小巧的要求，都可使用。茶席插花不能选用有香气，特别是香气浓郁的花，如香雪兰。不能选用颜色过于鲜艳、造型过于奇特的花器。要让饮茶的台面看上去，觉得有花很美，但是茶更美，保证台面的中心永远是茶。

(5) 背景

背景(见图 8－7),是茶席的延伸,可以美化茶席,是构成茶席的相关位置及秩序的中心所在。古人品茗,喜欢一边品饮一边赏画,要挂画,画便成了茶席的背景。不论在古代还是现代,挂画是为了装饰美化品茗环境,但却影响着茶席的整体表现力。现代茶席设计,非常注重背景,已经不再局限于挂画,较之于古代,更能主题鲜明的增强茶席的表现效果。如果把品茗活动转移到室外,在竹林松间、泉边涧旁,在清幽雅致之处,就省却了挂画——背景的设计。

图 8－7　茶席背景(图片由邵娟提供)

(6) 茶点茶果

现代茶事活动,茶点茶果(见图 8－8)是必不可少的辅助用品,在茶席上具有一定的装饰美化作用,选用的茶点茶果本身、盛放用的器皿以及摆盘都必须具有一定的美感。选择茶点茶果要注意能在一定程度体现茶席设计要表达的主题,要精致,但不能太抢眼。在现实操作中,还要注意摆放茶点茶果的时间,如果以品茗为主的茶事活动,必须在接近尾声的时候才能提供。因为过早提供,一方面品饮者忙于品尝,分散了注意力,容易错过茶叶的一些细腻的表现,另一方面茶点茶果一般酸酸甜甜或带咸味,会影响味觉的敏锐度,让品饮者不能最大限度地感知茶的香气和滋味。

图 8－8　茶点茶果(图片来源于网络)

茶席设计的要素除却以上重点阐述的，还有如焚香。焚香用在茶席中，不仅作为一种艺术形态融入其中，同时美妙的气味弥漫于茶席空间，使人在嗅觉上获得舒适的体验。也有人认为，焚香会影响人对茶香的感知，所以以品饮为主的茶席设计中，用香需审慎。现代的香种类繁多，若设计确需焚香，尽量选择自然香料加工而成的香。茶席摆件(见图 8－9)也是茶席美化常用的方法之一，若能与茶具组合巧妙配合，往往会为茶席增添别样的情趣，获得意想不到的效果。茶席摆件最常用茶宠，也可以用如扇子、珠串、人偶等，如儿童茶席，放置具有童真童趣的摆件，能增强趣味性。

图 8－9　茶席摆件(图片由杭州拓沅茶庭提供)

在茶席设计的时候，要懂得变通，设计的要素可以适当增减。“大道至简”从另一个侧面说明茶席设计要做减法，不是所有的茶具都需要摆在桌面上。但在正式的场合，某些茶具不可或缺，否则不算真正的茶事，缺少仪式感。

3. 茶席设计的技巧

(1) 空间合理布局

在茶席设计中，空间的合理布局能带来更好的视觉效果。最基础的空间布局是由铺垫完成的，要合理利用桌布，桌面本身具有美感可以不用桌布。在台面上，不论是否使用桌布，桌席的使用在空间布局上的作用至关重要。桌席在桌面上，不论是递进式还是叠加式，能起到桌面平面的分割作用，通过桌席的分割带来一种视觉上的“框架”。在摆放茶具组合的时候，有了框架，可以显得井然有序，视觉上不容易产生混乱的感觉。而且分割后的空间在功能上显得更加突出，泡茶区和品饮区很分明但是又因为桌席而连接在一起，能形成一种呼应。

在茶席设计的时候，还要注意对茶席空间的不变区域和可变区域的利用。茶席上不可变的区域一是指由盖碗或壶、公道杯组成的泡茶区，二是指由品茗杯排列构成的品饮区，这两个区域的器皿摆放相对不变。其他的器皿，只要符合人体工程学的原理和审美要求，可以适当变化。茶席上的可变区域，是茶席设计的一个重点，要突破惯有的设计思维，让茶席变得有思想、有创意，这个区域的可变性正好可以发挥设计者的聪明才智。

(2) 点线面的恰当结合

茶席是由多个点、线、面构成的，一方具有实用性和美感的茶席，点、线、面的组合一定是协调的。在茶席上，点最小也最多，有盖碗、公道杯、煮水器、水盂、花器、茶叶罐等。线，最直观的表现是插花、桌席上，另外放置茶具组合时，前中后形成了三条线，左右呈一个开放式的格局，也形成了两条线。面的表现集中在铺垫，即桌布和桌席上。美国著名画家布克夫说过："凡是带有横向线势构图的画面，通常暗示安闲、和平和宁静。圆形通常与娴静、柔和相联系。"人们常用的茶具，大多数是圆形的，茶席设计中线条的呈现多且明显，符合人们的审美和心理习惯，而且，正好与茶文化不谋而合。

在茶席设计时，要注意，点过多，茶席会显得乱，没有章法，所以，要尽量创造"线"，建议在放置品茗杯时，为减少点的存在，排列紧密一些，形成直线或者弧线。这样，品茗杯通过重复产生的节奏和韵律，体现出秩序之美。整个茶席通过紧密排列的品茗杯和其他疏朗放置的器具形成对比，创造出疏密有致的韵律之美。另外要注意桌席是能带来线的效果的设置，在茶席设计中能起到空间功能的划分的作用，所以，茶席设计中，繁简皆可，最好使用桌席。点、线、面的使用比较突出(见图 8－10)。

图 8－10　茶席设计(图片来源于网络)

(3) 色彩搭配适当

色彩是茶席作品的基调，不同的色彩带给人不同的视觉体验和情感倾向。茶席设计中色彩的运用，其目的是要使茶席的色彩与内容、气氛、感情等表达要求相统一，充分发挥色彩的表现力、视觉作用及心理影响。如果是春天的茶席，宜用偏向清浅淡雅，能体现春天万物萌发，百花齐放感觉的颜色，铺垫可以用深色，桌席可以用深浅不同的绿、黄、粉、蓝色。如果是禅茶茶席，就要多用中性色及纯度偏低较稳重的颜色。选用色彩要特别注意情感表达，喜悦的情感表达和庄重严肃的情感表达选用的颜色肯定不同。不同色彩对人的心理影响也不同，红色会让人兴奋，冷色系能让人沉静下来。另外，还要注意色彩的权重,如主要茶具:盖碗(壶)、公道杯和品茗杯可以适当增加色彩的份额和比例,可以选用彩色或纯度高的色彩。

(4) 注意留白

茶席设计中,不论台面大小,都不能把台面摆放得满满当当,必须留有空白的地方。我国古人绘画最讲究留白,可以给观赏者留下想象的空间。茶席设计也一样,可以在摆放茶具组合的时候运用留白的技巧。具体操作中,可以通过铺垫来完成最主要的空间留白,尤其是桌席在空间分割上有着决定性的作用,茶具组合一般主要放于桌席上。而后,茶具组合的摆放疏密有致也形成空间留白,盖碗、公道杯、茶叶罐、茶则、煮水器、水盂等不要摆放得太散也不能靠得太近,把品茗杯紧密地排成直线或者弧线,有疏朗有留白,茶席会富有生气和韵律美。还有,插花一般会使用线性花材,能在茶席空间的立体感上形成娴静柔美的留白。

(5) 注意意境的营造

茶席设计,不是简单的堆砌,而是要通过合理的搭配,展现出画面美和意境美。茶席设计,应当以意境表达的深邃程度,来确定茶席的审美格调。王昌龄提出了"三境"的说法:第一层次"物境",即茶器的组合;第二层次"情景",是人们对茶、茶汤和茶席的感受;第三层次"意境",搜求于象,心入于境,是茶席物境和情境的交融。

茶席设计最大的难度在于,其构成元素是有限的,要在有限的空间内,营造出无限的景象和含蓄深远的意味。茶席意境的营造,必须要具有画面美,悦目方能赏心,才能神驰物外,悠然自得。可以重点从两个方面入手营造意境。一是茶席具体物象的表达要含蓄。古人审美有"花看水影,竹看月影,美人看帘影"的偏好,可创造出精致而朦胧的层次感,体现出意犹未尽的美。二是善于利用光与影,形成虚实相生的幻变,增强茶席意境。茶席的"实",即茶席上的一切物象,衍生了茶席的"虚"境,就是茶席的韵味、思想和表达的情感。通过光与影的流动,光的明暗、影的曼妙,创造出茶席的"虚"境,也可以通过合理的留白和疏密对比来体现出茶席的"虚",虚实相生,就是充实的生命意象与空灵的空间融合而成的意境美。

4. 茶席设计的要点

(1) 均衡和稳定

茶席的均衡和稳定主要取决于茶具组合的色彩、质感和摆放的位置以及茶席插花。茶具组合的色彩,浅色的、质感细腻的在视觉上更轻盈,深色的、质感粗糙的看起来更厚重。摆放的位置来看,盖碗(壶)、公道杯、品茗杯的位置是相对固定的,其余的茶具摆放就必须考虑茶席整体的体量和重量的均衡与稳定。如左边一般放的茶叶罐、花器等,体量都不是特别大,右边摆放的煮水器和水盂,一般体量都稍大,看上去会显得厚重。因此在搭配茶具组合的时候,必须充分了解各种器皿,煮水器偏大、水盂就用稍小一点的,花器就可以稍微厚重一些,主要要让茶席的左右看上去保持力量的均衡,形成稳定。另外,茶具组合中,盖碗(壶)和公道杯、品茗杯的搭配,也要注意均衡,不要用过小的盖碗搭配过大的品茗杯,反之亦然。

（2）对比与调和

茶席上的对比与调和主要体现在色彩、质感、风格和重量四个方面。选择色彩时，对比色能带来强烈的视觉冲击，能强化记忆，近似色给人一种和谐、舒服的美感。运用时，可以主要使用对比色或近似色，另一种作为辅助色。质感的对比在茶席设计中要慎用，容易造成突兀、矛盾的感觉，最好选用质感相同的或者相似的。所有的茶席要素，在风格上要能形成统一的效果，如菊花体现的是高洁素雅，就不能与色彩艳丽的玫红色、粉红色等色彩搭配，风格不一样，不能放在一起。重量的对比与调和主要表现在茶具摆放上，左右前后，最大的重量的调和在插花上，右边煮水器和水盂比较重，左边必须用物品来调和，正好，插花既能很好的调和茶席左右之间的力量，又能装饰茶席，成为茶席的点睛之笔。

（3）韵律与动感

茶席的韵律与动感，就像人说话要有抑扬顿挫一样，各种器皿的高矮胖瘦、色彩及摆放都能带来韵律与动感。不同的茶具，用途不同，形状也不同，有高有矮、有胖有瘦，能带来动感。各种器皿的色彩，以对比色为主的茶席，更跳跃、活泼，动感更明显，以近似色为主的茶席，能形成某种节奏，韵律感更强。各种茶具在摆放的时候，大多数茶具之间都是有一定间隔的，这种间隔缺乏变化，所以可以把品茗杯紧密的排列在一起，增加茶具之间距离的变化，增强节奏感，使茶席富于韵律感。

（4）季节的变化

季节的变化是影响茶席设计的一个关键因素，季节不同，茶有所区别、茶席插花也不同。茶的区别在于，首先茶的主产季节不同，春季被称为绿茶季，秋季是铁观音的主产季等。其次，每个季节适合饮用的茶类也有所侧重，一般建议春季饮用花茶、普洱熟茶、前一年产的铁观音。夏季饮用绿茶、白茶、黄茶、轻发酵的乌龙茶和普洱生茶，如果从冬病夏治的养生角度出发，夏季也可以喝红茶、重发酵的乌龙茶和普洱熟茶。秋天可以多喝绿茶、花茶和红茶。冬天饮用红茶和普洱熟茶可以温暖脾胃，增强体质。

茶席插花必须以茶为中心，冲泡不同的茶，茶席设计有区别，要搭配不同的花。季节的变化会直接表现在植物上，花会因季节的更替而不同，春夏秋冬，都有不同的花演绎出不同的季节。在茶席设计时，要充分考虑到茶席插花选用的花材须以应季花材为主。

（5）音乐的选用

品茗赏乐，自古有之，为品饮者提供了一个能准确理解茶席的声音环境，可以引导品饮者更快进入茶席所要表达的情绪状态。在冲泡过程中，可以引导冲泡者以更准确的速度、更好的节奏来冲泡茶叶。品茗时的音乐，不要局限于丝竹管弦之音，尤其是主题茶席设计，必须根据主题的表现，从时代、地区、民族、宗教和风格五个方面入手，选出最能烘托主题的音乐。挑选音乐，要注意“歌”与“曲”的区别，“歌”的表达具有一定的具象性，而“曲”的表达更抽象，为听者留下了更多的想象空间。

茶席设计成功与否，没有特定的衡量标准，但是目前社会上人们慢慢形成了一个共识：好的茶席，必须是在遵循“实用”和“审美”原则的基础上设计出来的，美的茶席能带给人多方面的愉悦，使品茗真正成为一件美的事。

(三) 茶席赏析

第三届中华茶奥会茶席设计大赛金奖作品《澄怀味象》(见图 8－11)。茶席设计主要使用了三个体积较大的透明的亚克力盒子。茶席第一部分是“人之初”,用一个盒子,由水、白色的石头、光秃的树枝、鱼、水草等来演绎人生和习茶之初纯净未知的世界。第二部分是“人之本”,用一个盒子,由水、水生植物及能吸收太阳热量的黑色石头构成,茶具摆放在“人之本”部分,阐述在人生中、习茶的过程中,需要沉淀,通过学习,吸纳知识,储备能量,丰富人生。第三部分是“人之末”也用一个盒子,由稻谷和当季丰收的果实来表达人生和习茶的收获之喜。

“澄怀味象”是南朝宋宗炳的美学观点,意指只有怀着虚静的心,涤除俗念、超越功利,才能很好地体会审美对象的内在生命精神。《澄怀味象》的茶席把审美的对象具体到人生和茶上来。人生之美,贵在其丰富和多变,茶之美,贵在其清和静。要应对人生中的各种“变化”,最好的方法之一便是在修习茶的过程中磨砺心性,积蓄力量。整个茶席展现出了清晰的层次感,三个层次通过错落摆放器皿来实现,空间布局合理,线条的运用和谐,主要用色彩的明暗、深浅来凸显人生不同阶段的特点。

图 8－11　澄怀味象(图片来源于网络)

第四届中华茶奥会茶席与茶空间设计大赛(茶席组)金奖作品《空山茗韵》(见图 8－12),茶席反映了云南少数民族——布朗族的饮茶方式:火塘煮水,土罐烤茶。茶

图 8－12　空山茗韵(图片来源于网络)

具选用当地布朗族常用的柴烧土陶，以灰色棉布、黑色民族织布和芭蕉叶做铺垫，丛林为背景，桌席采用名族手工织布，手工绘画，展示云南布朗族居住地古茶林和古老村寨。古朴、原始的茶席，让人联想到遥远丛林中的那杯普洱茶。

第四届中华茶奥会茶席与茶空间设计大赛（茶席组）金奖作品《且喜人间好时节》（见图 8-13）。席主解说："一壶金沙水，半钵紫笋茶，静坐于旁，看炉火明灭，和自己交谈。任汤色一层层淡下去，清空，深呼吸，了然无痕。茶不过两种姿态：浮、沉；茶人不过两种姿态：拿起、放下。浮躁世界红尘滚滚，唯愿内心清风明月，苦和乐本是一体，随顺在无常的世界里，才能体会到自在的人生。"

图 8-13　且喜人间好时节（图片来源于网络）

任务二　茶席主题的创作

一个茶席,要讲究形式,盖碗要摆放在中心位置,品茗杯要紧密排列摆放在盖碗左前方等,这些都是形式,看多了也就会了。一方引人入胜的茶席,一定是有灵魂的而且是美得有深度的意境美,这种美,需要用主题来呈现。茶席设计之初,应该确定一个特征鲜明的主题,在主题的指引下选配茶、铺垫、茶具组合、插花、背景等。

一、茶席主题创作的题材选择

(一) 茶

茶席主题创作的题材选择首先看茶的分类特征,绿茶,零发酵,清汤绿叶,如"邻家有女初长成",清纯静雅;红茶,全发酵,红汤红叶,像极了成熟的少妇,热情似火但又能拿捏好分寸。面对不同分类的茶,茶席设计的风格也相应变化。再者看茶的产地,相同种类的茶,产地不同,工艺会有细微的差别,茶所承载的文化不尽相同。比较典型的如普洱茶产区,勐海、普洱、临沧,加工工艺有区别,各地的普洱茶因民族不同,被赋予了丰富的文化内涵。以茶为中心细细梳理,每一个点都可以成为一个主题题材选择的突破口。

(二) 活动事件

各种活动事件,一般都有主题,茶席主题的确定,必须围绕活动事件的主题,这样的茶席才能诠释、深化主题。如,在以"自在人生、美丽自我"为主题的旗袍走秀活动中,茶席主题的设计应该充分体现女性的美。

《芳华绝代》(见图 8-14),铺垫中桌布选用藏蓝色,桌席用灰色和玫红色,玫红色在下,灰色在上,茶具组合选用玫红色的盖碗套组,用鲜艳而稍显厚重的色彩来体现"芳华"和女性的美,稀少的玫红色茶具体现"绝代"。这样的茶席主题与活动的主题完全契合,才能与活动形成一个统一体。

图 8-14　茶席设计:芳华绝代

(三) 季节、节气

一年四季,应季的茶不同、景物也不同,季节是一个常用的茶席主题设计的素材。随着传统文化复兴,二十四节气也大量成为茶事活动的时间节点,王迎新著有《吃茶一水间》,主要讲的就是二十四节气茶席。

《秋韵》(见图 8－15),铺垫选择绿色和白色,叠加,茶具以咖啡色为主,插花用黄色的乒乓菊,正好是浅秋的表达。茶具选用土陶,壶承是用黄铜手锤而成的六角盘,也应了乡村秋天的景致。

图 8－15　茶席设计:秋韵

二、茶席主题的提炼

茶席主题的提炼,以在活动中《四月情深》的茶艺表演为例。此茶艺表演为一个在西南部召开的学术研讨会设计,正值傣族的泼水节期间,在闭幕式上表演,献上傣族人民的祝福,送别嘉宾,命名为《四月情深》(见图 8－16)。茶席设计主题提炼的要点主要是 4 月的泼水节,与会嘉宾以外地人为主,主办方理当适当展示当地少数民族文化风俗,又在闭幕式上表演,送别情深。因此,紧扣傣族文化习俗,两处利用傣族象征意义鲜明的植物——芭蕉,以及傣族服装,突出傣族文化习俗。用枯枝,缠绕上素馨花的枝叶,营造当季西南部的植物生长状态,用白色百合搭配,以减少与铺垫——红色地毯的冲突。使用质感细腻的茶具,体现傣族人民生活方面追求精致细腻的一面。煮水器和花器使用比较质朴的土陶,符合傣族多居于乡村的分布状况。

图 8-16　主题茶席:四月情深

茶席主题的提炼还可以从古诗词入手。

如皎然《九日与陆处士羽饮茶》:九日山僧院,东篱菊也黄。俗人多泛酒,谁解助茶香。

李商隐《即目》:小鼎煎茶面曲池,白须道士竹间棋。何人书破蒲葵扇,记著南塘移树时。

这些优美的诗词均可提炼主题。如浙江农林大学设计的茶席《红楼梦》,灵感就来源于文学名著《红楼梦》。2011 年第三届全民饮茶日活动启动仪式上,设计的“竹茶会”,茶器或者竹制,或者竹辅助制作,灵感来源于当地的自然之物——漫山遍野的竹子。

三、茶席命名

茶席主题的提炼,经常通过茶席的命名体现。茶席的名字,要简洁,含蓄隽永,字数可多可少。现代茶席的设计比较贴近日常生活,与古代文人雅士追求的山林野趣大不相同。不论如何,茶席设计仍然是一件高雅的茶文化活动,因此,给茶席命名时,仍应追求一种高雅的情趣,委婉含蓄一些,不可太直白浅显。

主茶具使用珐琅彩瓷,呈现出欢快、积极、乐观的主调;铺垫和花器使用渐变的蓝色和灰色,比较内敛稳重;水盂和盖碗、品茗杯和花器的蓝色与铺垫的蓝色浑然天成;插花的主花选用粉色的洋牡丹,使用弧形的鸢尾叶作为造型枝,尽显柔美。盖碗摆放与品茗杯连成斜线,增强茶席的韵律感。茶席的整体布局疏朗简洁,仅用了最基本的茶具,与现代职场女性颇有几分相似,积极、乐观,简约中不失内含,留白比较多。我国茶文化深受儒家思想的影响,因此也蕴含着儒家积极入世的乐观主义精神。儒家的乐观与茶事结合起来,使茶成为雅俗共赏的对象。饮茶的乐趣在以茶为饮满足口腹之欲的同时,体现在以茶在审美上获得愉悦的满足，最终使茶文化呈现出欢快、积极、乐观的主格调。因此命名为《对饮成三人》(见图 8-17)。

图 8-17　茶席:对饮成三人　茶席设计:秦蓓,插花:王华

任务三　茶空间赏析

一、茶空间的概念

目前,人们对茶空间的关注和研究不多,茶空间的概念形成寥寥无几。2002 年中国台湾地区出版的《台湾茶艺发展史》中,张宏庸提出了“茶所”这一概念,并解释“茶所的规划方面,有属于私人茶所的厅堂、雅室、园林;属于工作场所的会客客厅与工作室;属于公共茶所的茶馆;属于户外茶所的野外品茗。这类茶所自古以来都有相当的发展”。这里所说的“茶所”,即是茶空间的雏形。

2015 年,浙江农林大学王旭烽老师在“茶空间精英实训”中提出了新的理解,她认为,茶空间是指“与人类品茶有关的实体空间、自然空间、精神空间与虚拟空间的总和。”这个概念与其他说法最大的区别在于,不再是仅仅以茶为中心来认识茶空间,而是以空间自身为主体,根据茶事活动的需要来设计、调整与布置,茶与空间是一个有机的整体。并且,这个概念里的茶空间是多维度的,包括精神和虚拟,具体包括了以下的四个方面。

1. 与人类品饮有关的实体空间

与人类品饮有关的实体空间常见的有茶馆、茶吧、接待茶室、茶教室、茶博物馆等。茶席成为茶空间的组成部分之一。

2. 与人类品饮有关的自然空间

与人类品饮有关的自然空间即户外与山水同在的饮茶空间,茶席也是茶空间的组成部分。

3. 与人类品饮有关的精神空间

与人类品饮有关的精神空间也就是寄托了人的精神、灵魂、信仰的空间,如佛茶。

4. 与人类品饮有关的虚拟空间

与人类品饮有关的虚拟空间如销售茶叶的网店等。

二、茶空间设计的要素

设计茶空间,必须建立在充分理解传统文化的基础上,遵循“道法自然”的原则,利用种类繁多的材料来设计。茶空间的设计包括了以下要素。

（一）建筑

比较概括的说法，是品茗活动开展所需的最基本的要素。品茗既可以是室内，也可以是室外。室内空间可小可大。小，可以是家里的飘窗，大，可以是整个房间甚至大自然，室外空间可以是自然的也可以是半自然的。

（二）室内设计装修

这是奠定茶空间主调的关键所在，室内装修像茶席设计一样，要本着实用美观的原则进行。现在一些大型茶馆，在设计装修上，保持了大的相对公众的空间主调的一致，在局部设计上追求个性化，每一个相对独立的局部都能体现一个鲜明的主题。如果比较小，在有限的空间内，要努力保持主调一致。

（三）室内装饰

现代装修，讲究“轻装修，重装饰”，茶空间也不例外。茶空间装饰可以使用与空间主调有紧密联系的茶书画、雕塑、古玩、艺术品、摄影作品等，丰富空间内容，强化空间主题的表达效果。

（四）茶家具

茶家具指茶桌椅、茶台、茶柜等。市场上从材质、款式和风格来说都应有尽有，根据茶空间装修、装饰形成的主调来挑选茶家具，当然也可以以茶家具为出发点来设计装修和装饰。

（五）茶席茶器

茶席是茶空间里的核心组成部分，而且是最容易带来茶空间变化、呈现不同风格和主题的部分。茶器除在茶席上作为组合出现之外，还可以用作茶空间的装饰点缀之物。有时，最大的乐趣就是把茶席上的茶具变来换去，形成新的茶具组合，局部改变茶空间的面貌。

（六）茶空间音乐

音乐在茶空间内具有极强的引导和烘托气氛的作用。为品饮者提供一个能准确理解茶空间的声音环境，可以引导品饮者更快进入到相应的情绪状态。

（七）茶服

茶空间的茶服更多指服务人员的着装。茶空间的服务人员最好统一穿着茶服，能对服务人员起到强烈的心理暗示，让其对自身的角色认知更到位。还可以增强茶事服务的仪式感，能衬托茶空间的主题。

(八) 茶空间的文化

茶空间的文化是比较抽象的,是茶文化的内容之一,需要用具像的内容来表达。前边所讲的室内装修、装饰、家具、茶席茶器、音乐、茶服都能体现出茶空间的文化。除此之外,还需要用一些文字的表达来概括,如杭州素叶茶院,用八个字概括了自己的理念:"素心清简、叶业传承",并在所有业务活动中,在能写或印的地方,最大限度地呈现。

三、茶空间欣赏

(一) 自然茶空间(见图 8-18)

因茶是自然之物,所以中国人更偏爱置身于自然之中品茗。明代屠隆在《茶说·九之饮》中写道:"若明窗净几,花喷柳舒,饮于春也。凉亭水阁,松风萝月,饮于夏也。金风玉露,蕉畔桐阴,饮于秋也。暖阁红垆,梅开雪积,饮于冬也。僧房道院,饮何清也。山林泉石,饮何幽也。焚香鼓琴,饮何雅也。试水斗茗,饮何雄也。梦回卷把,饮何美也。古鼎金瓯,饮之富贵者也。瓷瓶窑盏,饮之清高者也。"可见中国古人对饮茶环境的要求比较注重精神上的升华,使品饮更为内化和个性化。

图 8-18　自然茶空间

古人还喜欢在竹林中饮茶,王维"花醥和松屑,茶香透竹丛",贾岛"对雨思君子,尝茶近竹幽",陆游"故应不负朋游意,手挈风炉竹下来"。由此看来,最广阔的茶空间就是大自然!

(二) 一般茶空间

一般的茶空间,就是室内茶空间。在我国,茶树在传播的过程中由大叶种进化出了中小叶种,茶文化也随着茶在各地的兴起与当地文化融合,形成了一些颇具地方特色的饮茶习俗和茶空间。

1. 北京老舍茶馆

北京最具有代表性的老舍茶馆(见图 8-19、图 8-20),是以人民艺术家老舍先生及其名剧命名的茶馆,始建于 1988 年,现有营业面积 2600 多平方米,是集书茶馆、餐茶馆、茶艺馆于一体的多功能综合性大茶馆。茶馆环境古香古色、京味十足,可以欣赏到汇聚京剧、曲艺、杂技、魔术、变脸等优秀民族艺术的精彩演出,同时可以品用各类名茶、宫廷细点、北京传统风味小吃和京味佳肴茶宴。自开业以来,老舍茶馆接待了近 50 位

外国元首、众多社会名流和200多万中外游客，成为展示民族文化精品的特色“窗口”和连接国内外友谊的“桥梁”。茶叶的品种以花茶、绿茶为主，茶水服务以盖碗为主。

作为茶空间，老舍茶馆的各种功能齐全，整体感觉沉稳大气，文化包容性很强，透着浓浓的京味。

图8-19　老舍茶馆(图片来源于网络)

图8-20　老舍茶馆一角(图片来源于网络)

2. 四川成都的茶馆

四川茶馆甲天下，成都茶馆(见图8-21)甲四川。在我国的茶空间里，成都茶馆具有鲜明的特色，风格上呈多元化发展，既有相似于江南一带茶空间优雅清丽的，也有如云南一带丰富多彩的少数民族风格的，还有如北京一样端庄大气的。最具鲜明特色的

图8-21　成都茶馆(图片来源于网络)

莫过于露天茶馆和老茶馆(见图 8－22、图 8－23)。在露天茶馆里,人们叫一杯或一盖碗茶,一边喝茶一边听书、听收音机、掏耳朵,或“摆龙门阵”,上到天文,下到地理,国家大事,家长里短,奇闻逸事,都能成为桌上谈资。到现在,茶馆已经发展为集政治、经济、文化功能等于一体的休闲娱乐空间。

四川的老茶馆体现了我国茶空间最朴素的样子,进入其中,容易产生一种时间后退的错觉。茶馆里使用的器皿全是 20 世纪八九十年代常用的器具,连空间里的饰品都充满着 20 世纪的味道。喝茶的人都很悠闲,仿佛时间已经凝固,此时,他们不属于家庭也不属于工作,只纯粹属于一杯茶。

图 8－22　四川双流老茶馆(图片来源于网络)

图 8－23　四川双流老茶馆(图片来源于网络)

3. 杭州茶空间(见图 8－24、图 8－25)

杭州被称为我国的“茶都”,是吴越文化集中体现的地方,越来越多的考古发现证明吴越地区是我国茶文化的真正发源地。历史文化的积淀及现代思想的影响,使杭州现在的茶空间显示出较强的儒雅之风,多数茶空间的装修装饰极其清素淡雅,美轮美奂。

图 8－24　素叶茶院(图片由素叶茶院提供)

图 8－25　素叶茶院(图片由素叶茶院提供)

【项目回顾】

通过本项目的学习,学习者可以了解茶席、茶席设计的定义,理解茶席的功能、茶席设计的技巧和要点，掌握茶席设计的原则、要素，茶席主题创作的题材。

【技能训练】

1. 教师展示茶席，从茶席的基本布局入手分析。
2. 教师指导学生设计茶席。

【自我测试】

1. 选择题

(1) 茶席的功能有(　　)。

A. 实用功能　　B. 展示功能　　C. 交流功能　　D. 审美功能

(2) 茶席的铺垫包括了(　　)。

A. 茶巾　　B. 桌布　　C. 桌席　　D. 壶承

2. 简答题

(1) 茶席设计的基本要素有哪些？

(2) 茶席设计中，可以从哪些方面来营造意境？

(3) 茶席主题创作的题材选择有哪些？

3. 判断题

(1) 茶席的布局主要是上下左右的分布。(　　)

(2) 茶席设计的器、席、人、境要协调。(　　)

(3) 茶席插花可以用香雪兰。(　　)

附　录

2019 年全国职业院校中华茶艺（赛证融通）赛项规程

一、赛项名称

赛项名称：中华茶艺

英语翻译：Tea Ceremony Skills Competition

赛项组别：（中）高职

赛项归属产业：农林牧渔大类

二、竞赛目的

倡导“茶为国饮”，弘扬中华博大精深的民族传统技艺，传播“一带一路”倡议精神。将“传承、创新、绿色、共享”的茶文化精髓融入职业教育人才培养中，探索职业教育过程中“1+X 证书制度”和推进“课程内容与职业标准对接”“教学过程与生产过程对接”“职业教育与终身学习对接”，引导中华茶艺传统技艺向科学、健康的方向传承与发展。将竞赛引入教学，提升学生综合素质，统筹协作与创新能力，增强职业教育吸引力；促进产教融合、校企合作，探索选育与培养中国传统高技能茶艺人才的新路径和新标准。

三、竞赛内容

本届邀请赛为个人赛，主要考核选手茶艺专业技能和茶文化知识，考察其综合素质、协作精神、创新能力，竞赛内容分为茶艺竞技赛项与茶席竞技赛项。茶艺竞技赛项每个参赛学校组织 3 位选手组成一支队伍，所有选手要参加创新茶艺竞技、指定茶艺竞技（绿茶茶艺、红茶茶艺、青茶茶艺）与茶汤比对竞技（绿茶茶汤、白黄茶汤、红青茶汤）三个竞技环节，其中每支队伍 3 名选手以团队形式共同完成创新茶艺竞技，每位选手抽签择定三类指定茶艺竞技中的一类茶艺和三个茶汤组别中的一组进行竞技；茶席竞技赛项每个参赛学校组织 1 位选手为一支队伍参赛，茶席设计选手可作为茶艺竞技赛项创新茶艺竞技助演（同一院校）。以茶载道，将“传承、创新、绿色、共享”茶文化精髓融入

职业教育中，探索中国传统技艺高技能茶艺人才选育新路径和新标准，促进我国茶文化与茶产业传承发展。

四、竞赛试题

本赛项是公开赛题，个人参赛，分为茶艺竞技赛项与茶席竞技赛项。茶艺竞技赛项共分创新茶艺竞技、茶汤比对竞技、指定茶艺竞技 3 个环节。

1. 创新茶艺竞技(占总成绩的 40%)

参赛选手自选茶艺，设定主题、茶席，将解说、表演、泡茶融入其中；创作背景音乐、茶具、茶叶(所用茶叶种类不限，但必须含有茶叶)、服装、桌布等参赛用品选手自备，竞赛时全体参赛选手(3～4 名)共同完成；评委从创新性、茶汤质量、茶艺演示、茶水具配置、解说、时间几方面进行评比。比赛时间 10～12 分钟，民族或宗教茶艺不延长时间。

2. 茶汤比对竞技(占总成绩的 30%)

该竞技环节共分三组茶样。组一为：5 个绿茶；组二为：红茶(3 个)，乌龙茶(2 个)；组三为：白茶(2 个)、黄茶(3 个)，每组 5 个茶样，抽签确定茶汤比对茶类组别；每位参赛选手根据抽签择定茶汤比对茶样组别，每个茶样冲泡 2 碗，共计 10 碗。选手每 1 分钟品鉴比对面前的 2 碗茶汤，第 2 分钟品鉴比对下一位选手面前的 2 碗茶汤，依次类推，5 分钟内完成第一轮茶汤比对，再重复一轮茶汤比对。在规定时间通过辨别茶汤香气、滋味，比较连对两个相同茶汤，每位选手茶汤比对成绩是该选手在该竞技环节个人成绩。所有选手统一穿茶叶评审服，比赛时间 10 分钟。

3. 指定茶艺竞技(占总成绩的 30%)

每位选手按照随机抽取的茶类竞技进行比赛如指定绿茶茶艺竞技，用玻璃杯冲泡西湖龙井，统一茶样、统一器具、统一音乐[云水禅心(古筝礼赞)+高山流水(古筝)]、统一时间，评委从茶汤质量、茶艺演示、仪容仪表、礼仪、茶席布置、时间几方面进行评比，每位选手指定茶艺竞技成绩就是选手在该竞技环节个人成绩。比赛服装不做统一要求，建议女生选手着浅色旗袍，男生选手着深色长袍。比赛时间不少于 8 分钟，不超过 13 分钟。

绿茶指定茶艺竞技步骤：备具→备水→布具→赏茶→润杯→置茶→浸润泡→摇香→冲泡→奉茶→收具。

红茶指定茶艺竞技步骤：备具→备水→布具→赏茶→温盖碗→温盅及品茗杯→置茶→浸润泡→摇香→冲泡→倒茶分茶→奉茶→收具。

青茶指定茶艺竞技步骤：备具→备水→布具→赏茶→温壶→置茶→温润泡(弃水)→壶中续水冲泡→温品茗杯及闻香杯→倒茶分茶(关公巡城、韩信点兵)→奉茶→收具。

五、技术规范

绿茶指定茶艺(玻璃杯泡茶技法)

红茶指定茶艺(盖碗泡茶技法)

青茶指定茶艺(双杯泡茶技法)

六、竞赛环境要求

中华茶艺竞赛场地面积约为 300～400 平方米,场地内设有相对独立的茶艺台/凳,每个茶艺台按照每个赛项每批次参赛团队数不同分为不同展示区,每个展示区标明编号,其中指定茶艺有 30 个竞赛工位,比赛时每队选手占用一个展示区作为比赛用台,其使用面积为 5～6 平方米;茶席设计需要 40 个竞赛工位,每个茶席展示区作为一个比赛用台,其使用面积为 6～10 平方米;比赛场地设有两套多媒体音响设备及 4 m×6 m 尺寸规格 LED 电子屏、煮水用电插座,供参赛选手使用。具体示意图如下:

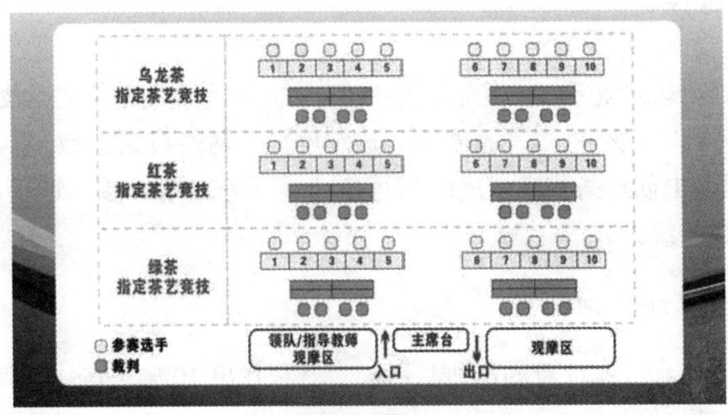

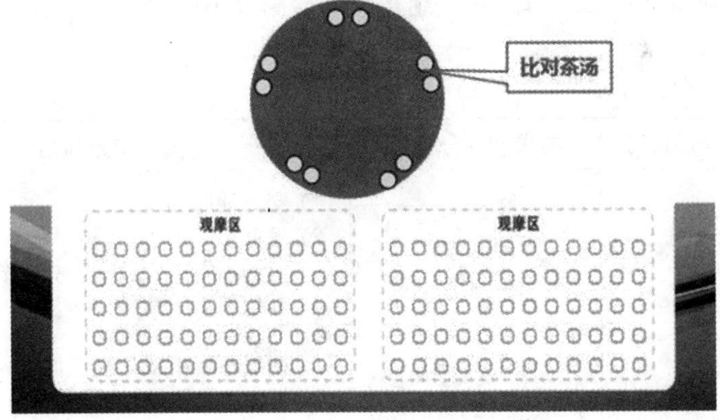

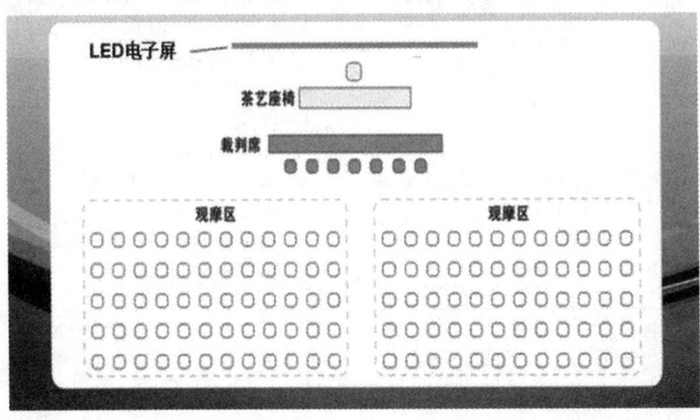

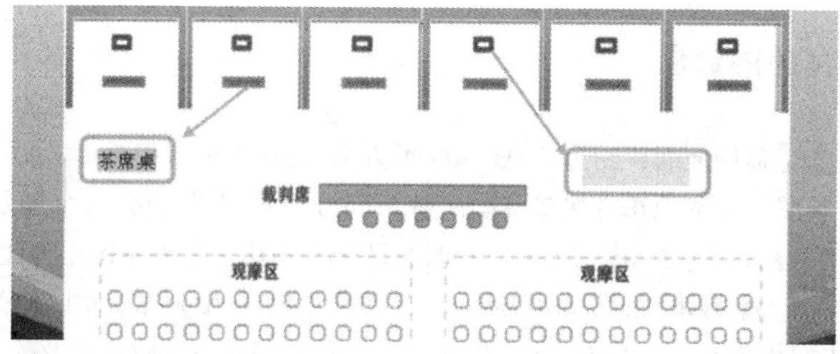

七、成绩评定

茶艺竞技赛项总成绩(分)=指定茶艺竞技分数×30%+创新茶艺竞技分数×40%+茶汤比对竞技分数×30%;茶席竞技赛项总成绩(分)=网络投票分数×10% + 现场布席分数×90%,其中创新茶艺竞技成绩为每位选手同等成绩。参赛选手放弃任一环节将不参与总分排名统计。

1. 茶汤比对评分细则

在10分钟时间内,通过看汤色、嗅香气、尝滋味找出10碗茶汤中两两相同的茶汤,将茶汤编码进行连对;每次审评面前的两碗茶汤1分钟,5分钟后再轮流审评一次。无须撰写茶汤品质特征评语。每连对一组得20分,满分100分。

2. 指定茶艺评分细则

序号	项目	分值(%)	要求和评分标准	扣分细则
1	礼仪仪表仪容15分	4	发型、服饰端庄、自然	(1) 穿无袖服饰,扣1分 (2) 发型突兀不端正,扣1分 (3) 服饰不端正、不协调,扣1分 (4) 其他因素酌情扣分
		6	形象自然、得体,高雅,表演中身体语言得当,表情自然,具有亲和力	(1) 视线不集中或低视或仰视,扣1分 (2) 神态木讷平淡,无眼神交流,扣1分 (3) 神情恍惚,表情紧张不自然,扣1分 (4) 妆容不当,留长指甲、文身,扣2分 (5) 其他因素酌情扣分
		5	动作、手势、站立姿、坐姿、行姿端正得体	(1) 抹指甲油,扣1分 (2) 未行礼,扣1分 (3) 坐姿不端正,扣1分 (4) 手势中有明显多余动作,扣1分 (5) 姿态摇摆,扣1分 (6) 其他因素酌情扣分

(续表)

序号	项目	分值(%)	要求和评分标准	扣分细则
2	茶席布置10分	6	茶器具布置与排列有序、合理	(1) 茶具不齐全、或有多余茶具,扣1分 (2) 茶具排列杂乱、不整齐,扣2分 (3) 茶席布置违背茶理,扣2分 (4) 其他因素酌情扣分
		4	冲泡茶过程中席面器具保持有序、合理	(1) 冲泡茶过程中器具摆放不合理,扣1分 (2) 冲泡茶过程席面不清洁、混乱,扣2分 (3) 其他因素酌情扣分
3	茶艺演示35分	15	冲泡程序契合茶理,投茶量适宜,水温、水量、时间把握合理	(1) 冲泡程序不符合茶理,扣2分 (2) 泡茶顺序混乱或有遗漏,每处扣2分 (3) 茶叶处理、取放不规范,扣2分 (4) 泡茶水量、水温选择不适宜,每项2分 (5) 泡茶时间掌握不适宜,扣1分 (5) 其他因素酌情扣分
		10	操作动作适度,顺畅,优美,过程完整,形神兼备	(1) 动作不连贯,扣2分 (2) 操作过程中水洒出来,扣2分 (3) 杯具翻倒,扣2分 (4) 器具碰撞多次发出声音,扣2分 (5) 其他因素酌情扣分
		6	奉茶姿态及姿势自然、大方得体,礼貌用语	(1) 奉茶时将奉茶盘放置茶桌上,扣2分 (2) 未行伸掌礼扣1分 (3) 脚步混乱,扣1分 (4) 不注重礼貌用语,扣1分 (5) 其他因素酌情扣分
		4	收具规范有序、优雅	(1) 收具不规范扣1分。 (2) 收具动作仓促,出现失误,扣1分 (3) 离开演示台时,姿态不端正,扣1分 (4) 其他因素扣分
4	茶汤质量35分	8	汤色明亮,深浅适度	(1) 过浅或过深,各扣1分 (2) 欠清澈、浑浊或有茶渣,各扣1分 (3) 欠明亮、暗沉,各扣1分 (4) 其他因素酌情扣分
		8	汤香持久,能表现所泡茶叶品类特征	(1) 香低不持久,扣1分 (2) 茶汤不纯正、有异味,各扣1分 (3) 茶品本具备的香型特征不显,扣2分 (4) 其他因素酌情扣分
		9	滋味浓淡适度,能突出所泡茶叶的品类特色	(1) 涩感明显、不爽,各扣1分 (2) 过浓或过淡,扣2分 (3) 茶品具备的滋味特征表现不够,扣2分 (4) 其他因素酌情扣分
		10	茶汤适量、温度、浓度适宜	(1) 奉茶量过多或过少,各扣2分 (2) 茶汤温度不适宜,扣2分 (3) 冲泡后茶汤浓度过浓或过淡,各扣2分 (4) 其他因素酌情扣分

(续表)

序号	项目	分值(%)	要求和评分标准	扣分细则
5	时间 5分	5	在8～13 min内完成茶艺演示	(1) 超1 min之内,扣1分 (2) 超1～2 min,扣3分 (3) 超2 min及以上扣5分 (4) 少于6 min,扣5分 (5) 6～7 min,扣2分 (6) 7～8 min,扣1分

3. 创新茶艺评分细则

序号	项目	分值(%)	要求和评分标准	扣分细则
1	创意 20分	10	主题立意新颖,有原创性;意境高雅、深远	(1) 主题立意不够新颖,没有原创性,扣4分 (2) 有原创性,但缺乏文化内涵,扣3分 (3) 意境欠高雅,缺乏深刻寓意,扣3分 (4) 其他因素酌情扣分
		10	场地、备具布置茶席设置有创新,与主题吻合	(1) 缺乏新意,扣3分 (2) 与主题不吻合扣3分 (3) 插花、挂画等背景布置缺乏创意,扣2分 (4) 场地布置缺乏美感、凌乱扣2分 (5) 其他因素酌情扣分
2	礼仪 仪表 仪容 10分	10	发型、服饰与茶艺演示类型相协调;形象自然、得体,优雅;动作、手势、姿态端正大方	(1) 发型、服饰与主题协调,欠优雅,扣2分 (2) 发型、服饰与茶艺主题不协调,扣4分 (3) 动作、手势、姿态欠端正,扣2分 (4) 动作、手势、姿态不端正,扣4分 (5) 仪容仪表礼仪缺乏审美情趣,扣2分 (6) 其他因素酌情扣分
3	茶艺 演示 30分	12	布景、音乐、服饰及茶具协调,表演具有较强艺术感染力,且茶艺动作及茶具布置具有美感,有实用性	(1) 布景、服饰及茶具等色调、风格不协调,扣3分 (2) 布景、服饰、音乐与主题不协调,扣3分 (3) 表演缺乏艺术感染力,扣2分 (4) 表演艺术感染力不强,扣1分 (5) 茶具或茶艺表演无实用性,扣2分 (6) 整体表演(器、人、境)欠协调,扣2分
		13	动作自然、手法连贯,冲泡程序合理,过程完整、流畅,形神俱备	(1) 动作不连贯,扣2分 (2) 操作过程水洒出来,扣2分 (3) 杯具翻倒,扣2分 (4) 冲泡程序不合茶理,有明显错误,扣3分 (5) 投茶方式不准确,扣1分 (6) 表演技艺平淡缺乏表情,扣2分 (7) 选手间协作无序,主次不分,扣3分
		5	奉茶姿态、姿势自然,言辞得当	(1) 奉茶时将奉茶盘放置茶桌上,扣2分 (2) 未行伸掌礼扣1分 (3) 脚步混乱,扣1分 (4) 不注重礼貌用语,扣1分

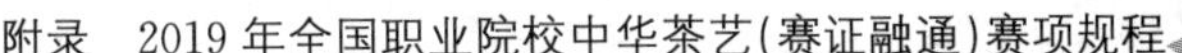

(续表)

序号	项目	分值(%)	要求和评分标准	扣分细则
4	茶汤质量 25 分	15	茶汤色、香、味等特性表达充分	(1) 茶汤不纯正、有异味,各扣 1 分 (2) 茶汤涩感明显、不爽,各扣 1 分 (3) 茶汤滋味过浓或过淡,各扣 1 分 (4) 茶汤颜色过浅或过深,各扣 1 分 (5) 茶汤欠清澈、浑浊或有茶渣,各扣 1 分 (6) 茶品本具备的香型特征不显,扣 2 分 (7) 茶品本具备的滋味特征表现不够,扣 2 分 (8) 其他因素酌情扣分
		10	所奉茶汤适量、温度、浓度适宜	(1) 奉茶量过多或过少,各扣 2 分 (2) 茶汤温度不适宜,扣 2 分 (3) 冲泡后茶汤浓度过浓或过淡,各扣 2 分 (4) 其他因素酌情扣分
5	文本及解说 10 分	10	文本阐释有内涵,讲解准确,口齿清晰,引导和启发观众对茶艺理解,给人美的享受	(1) 无展示茶艺作品纸质文本,扣 3 分 (2) 文本阐释缺乏深意与新意,扣 2 分 (3) 解说词立意欠深远、无创意,扣 1 分 (4) 解说词无法引导理解茶艺,扣 2 分 (5) 讲解与演示过程不协调一致,扣 1 分 (6) 不脱稿、口齿不清、欠感染力,扣 2 分
6	时间 5 分	5	在 10～12 min 内完成茶艺演示	(1) 超 1 min 之内,扣 1 分 (2) 超 1～2 min,扣 3 分 (3) 超 2 min 及以上扣 5 分 (4) 少于 8 min,扣 5 分 (5) 8～9 min,扣 2 分 (6) 9～10 min,扣 1 分

4. 茶席设计评分细则

序号	项目	分值(%)	要求和评分标准	扣分细则
1	主题特性	25	主题鲜明、有原创性,构思新颖、巧妙,富有内涵、有艺术性及个性	(1) 主题内容,从鲜明、内涵、原创性等三个方面评判,每个方面分好、中、差三个层次赋分,好不扣分,中扣 1 分,差扣 2 分 (2) 主题设计,从新颖、巧妙、艺术性等三个方面评判,每个方面分好、中、差三个层次赋分,好不扣分,中扣 1 分,差扣 2 分 (3) 主题创新,从构思设计和整体搭配两个方面评判,每个方面分好、中、差三个层次赋分,好不扣分,中扣 2 分,差扣 3 分 (4) 其他不规范因素酌情扣 1～2 分
2	主体器具配置	25	茶具与茶叶搭配合理,器具组合完整、协调、配合巧妙、并具有实用性	(1) 茶叶与茶具搭配,从合理、协调、完整、实用等属性评判,每一个属性表达分好、中、差三个层次赋分,好不扣分,中扣 2 分,差扣 3 分 (2) 席面主体器具与物件间搭配,从合理、协调、巧妙等特性评判,每一特性表达分好、中、差三级赋分,好不扣分,中扣 2 分,差扣 3 分 (3) 其他突兀因素酌情扣 1～2 分

(续表)

序号	项目	分值(%)	要求和评分标准	扣分细则
3	色彩色调搭配	10	茶席整体配色美观、协调、合理	(1) 茶席整体色彩搭配,从美观、协调、合理等属性评判,每一个属性表达分好、中、差三个层次赋分,好不扣分,中扣 2 分,差扣 3 分 (2) 茶席整体色调搭配,从协调、合理两个属性评判,每一个属性表达分好、中、差三个层次赋分,好不扣分,中扣 1 分,差扣 2 分 (3) 茶席器具、物件材料质地,从搭配合理角度,分好、中、差三个层次赋分,好不扣分,中扣 1 分,差扣 2 分
4	背景配饰音乐配置	20	茶席背景、插花、相关工艺品等配饰搭配完美,以及背景音乐能渲染主题,富有感染力	(1) 茶席背景与茶席主题搭配,从映衬与协调两个方面评判,分好、中、差三个层次赋分,好不扣分,中扣 2 分,差扣 3 分 (2) 茶席背景音乐与主题搭配,从渲染力、感染力、意境美等方面评判,分好、中、差三个层次赋分,好不扣分,中扣 2 分,差扣 3 分 (3) 茶席配饰与茶席整体搭配,从完美、协调、合理三个方面评判,分好、中、差三个层次赋分,好不扣分,中扣 2 分,差扣 3 分 (4) 其他突兀搭配酌情扣 1～2 分
5	作品文字与口头陈述	15	文字阐述准确、有深度,语言表达优美、凝练(100 字左右)	(1) 陈述内容上,从文字表述准确、有深度两个方面评判,分好、中、差三个层次赋分,好不扣分,中扣 2 分,差扣 3 分 (2) 遣词造句上,从语言表达优美、凝练两个方面评判,分好、中、差三个层次赋分,好不扣分,中扣 1 分,差扣 2 分 (3) 没有标题扣 2 分,标题不准确扣 1 分 (4) 字数不足或超过,每 15 字扣 1 分,有错字每 5 字扣 1 分 (5) 其他不规范因素酌情扣 1～2 分
6	时间	5	现场布置茶席在 20 min 之内完成	(1)布席时间在 20～22 min 内完成扣 1 分 (2) 布席时间在 22～24 min 内完成扣 2 分 (3) 布席时间在 24 min 以上扣 5 分

参考文献

[1] 陈文华. 中国茶文化基础知识[M]. 北京:中国农业出版社,1999.

[2] 童启庆,寿英姿. 生活茶艺[M]. 北京:金盾出版社,2000.

[3] 林治. 中国茶艺[M]. 北京:中华工商联合出版社,2000.

[4] 钟敬文. 中国礼仪全书[M]. 合肥:安徽科学出版社,2000.

[5] 范增平. 中华茶艺学[M]. 北京:台海出版社,2000.

[6] 陈宗懋. 中国茶叶大辞典[M]. 北京:中国轻工业出版社,2001.

[7] 朱世英,王镇恒,詹罗九. 中国茶文化大辞典[M]. 北京:汉语大词典出版社,2002.

[8] 余悦. 中国茶韵[M]. 北京:中央民族大学出版社,2002.

[9] 詹罗久. 名泉名水泡好茶[M]. 北京:中国农业出版社,2003.

[10] 陈文华,余悦. 茶艺师——初级技能、中级技能、高级技能[M]. 北京:中国劳动社会保障出版社,2004.

[11] 滕军. 中日茶文化交流史[M]. 北京:人民出版社,2004.

[12] 董学友. 茶叶检验与茶艺[M]. 北京:中国商业出版社,2004.

[13] 蔡荣章. 茶道入门三篇——制茶、识茶、泡茶[M]. 北京:中华书局,2006.

[14] 丁以寿. 中华茶道[M]. 合肥:安徽教育出版社,2007.

[15] 刘勤晋. 茶文化学(第二版)[M]. 北京:中国农业出版社,2007.

[16] 黄志根. 中华茶文化[M]. 杭州:浙江大学出版社,2007.

[17] 蔡荣章. 茶道入门——泡茶篇[M]. 北京:中华书局,2007.

[18] 夏涛. 中华茶史[M]. 合肥:安徽教育出版社,2008.

[19] 陈文华,余悦. 茶艺师——技师技能、高级技师技能[M]. 北京:中国劳动社会保障出版社,2008.

[20] 丁以寿. 中华茶艺[M]. 合肥:安徽教育出版社,2008.

[21] 江用文,童启庆. 茶艺师培训教材[M]. 北京:金盾出版社,2005.

[22] 屠幼英.茶与健康[M].西安:世界图书出版西安有限公司,2011.
[23] 盖文.茶艺与调酒[M].北京:旅游教育出版社,2007.
[24] 赵立英.喝茶的智慧:养生养心中国茶[M].长沙:湖南美术出版社,2010.
[25] 郑春英.茶艺概论[M].北京:高等教育出版社,2001.